"十四五"高水平专业群优质教材建设项目
新时代新理念职业教育教材

智能制造专业群

电气安装与维修

主　编　李　冰　徐晓松
副主编　汪洪青　赵春霞　宋剑锋

北京交通大学出版社
·北京·

内 容 简 介

本书是以职业技术学校机电技术应用专业课程标准和人才培养目标为依据，结合当前的教学改革精神及行业相关标准编写的。

本书由 4 个项目组成，分别为工厂配用电线路的安装、照明装置的安装、电气控制线路安装与调试、常用机床电气线路故障检测与排除，共 16 个工作任务，均来源于企业典型工作任务。本书培养目标与岗位能力需求相统一，以 YL−156A 电气安装与维修实训考核装置为载体，采取项目引领、任务驱动的方式，按照施工单、维修单完成工作任务。

本书为机电技术应用、电气技术应用、机电设备安装与维修及其他相关专业的教学实训用书，也可以作为从事电气安装与维修工作初学者的自学用书或工程技术人员的参考用书。

图书在版编目（CIP）数据

电气安装与维修 / 李冰，徐晓松主编. —北京：北京交通大学出版社，2024.4
“十四五”高水平专业群优质教材建设项目　新时代新理念职业教育教材
ISBN 978-7-5121-5218-2

Ⅰ. ① 电…　Ⅱ. ① 李…　② 徐…　Ⅲ. ① 电气设备－设备安装－职业教育－教材　② 电气设备－维修－职业教育－教材　Ⅳ. ① TM05　② TM07

中国国家版本馆 CIP 数据核字（2024）第 084144 号

电气安装与维修
DIANQI ANZHUANG YU WEIXIU

责任编辑：韩素华
出版发行：北京交通大学出版社　　电话：010-51686414　　http://www.bjtup.com.cn
地　　址：北京市海淀区高梁桥斜街 44 号　　邮编：100044
印 刷 者：北京虎彩文化传播有限公司
经　　销：全国新华书店
开　　本：185 mm×260 mm　　印张：12.375　　字数：317 千字
版 印 次：2024 年 4 月第 1 版　　2024 年 4 月第 1 次印刷
印　　数：1～500 册　　定价：45.00 元

本书如有质量问题，请向北京交通大学出版社质监组反映。对您的意见和批评，我们表示欢迎和感谢。
投诉电话：010-51686043，51686008；传真：010-62225406；E-mail：press@bjtu.edu.cn。

前言

本书根据职业教育的特点，结合当前职业教育改革的发展趋势和企业生产实际进行编写，以新时期职业教育人才培养目标为核心，结构上以“项目引领，任务驱动”形式作为切入点，重点培养学生的实践操作能力。

本书立足于电气工作人员基本技能的练习，提升其综合职业素养。全书共 4 个项目，16 个工作任务，突出变频器、触摸屏、可编程控制器在自动化生产中的综合应用。本书在内容上注重理论联系实际，强化相关国家标准、行业规范及施工工艺在日常生产中的应用，为日后学生工作打下良好的基础。

本书的特色如下。

（1）坚持以教学内容简洁精练、重点突出实践技能培养为原则，以“项目引领，任务驱动”及做学教一体化为教学理念。

（2）内容源于企业，标准高于企业。本书由校企合作开发，编者团队深入挖掘企业典型工作任务，提炼工作流程、工作内容、工作职责等，将它们教学化处理并融入教材中。

（3）根据工作任务的内容进行“知识链接”，对工作任务所需的相关知识进行讲解，在内容表述方面，尽量做到通俗易懂，图文并茂，适合不同专业、不同层次的学生需求。

（4）为引导学生完成工作任务，从工作准备到工作任务实施的全过程进行详细示范和讲解，重点突出工艺规范和安全意识。

（5）本书是一本新型活页式、工作手册式教材。本书将任务教学法与实践相结合，知识分布均衡，内容可拆解，便于教师教学和学生学习，既是教材，也是学材。

本书以典型工作任务为载体，各任务内容紧扣教学目的与要求，结构清晰，结合生产实际，注重实践指导，项目与任务的设计注意难易梯度，易于不同层次的读者理解与吸收。每一项任务均按照思政目标、知识目标、技能目标、知识链接、任务内容、任务实施、任务评价顺序编写，以任务为主线并将所需知识融入各个项目中，体现了“做中学，学中做”的教学理念。

本书由长春职业技术学校李冰、徐晓松担任主编，汪洪青、赵春霞、宋剑锋担任副主编，郭英平、李冬辉、孙洪雁参与编写。本书在编写过程中得到了企业和学校许多同志的支持与帮助，参考了其他同类教材，在此一并表示衷心的感谢！由于编者水平和经验有限，书中可能存在疏漏或不妥之处，恳请读者、专家批评指正。

编　者

2024 年 2 月

目 录

项目 1 工厂配用电线路的安装

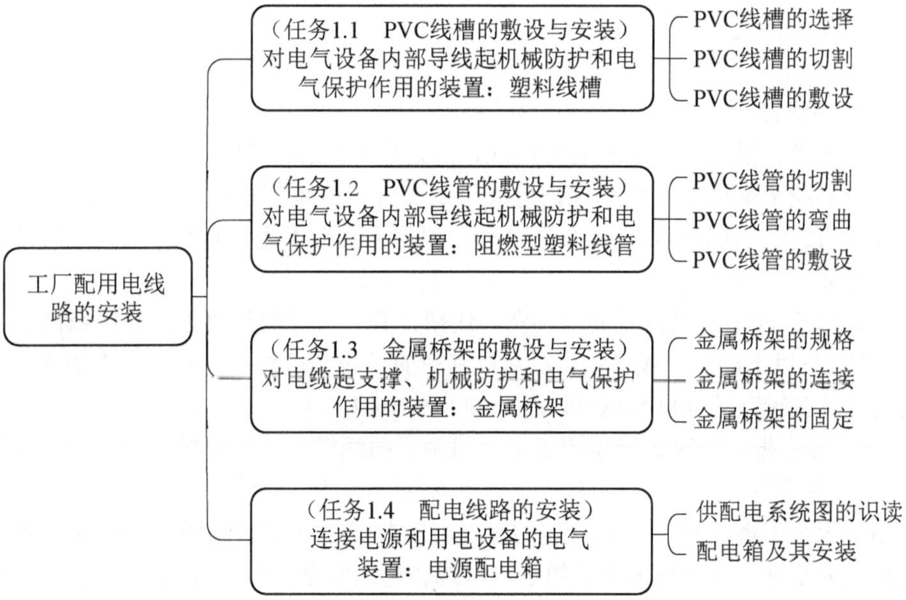

任务 1.1　PVC 线槽的敷设与安装

1.1.1　思政目标

（1）培养学生自主学习、自我发展的兴趣。

（2）培养学生掌握电气安全知识、团结协作、吃苦耐劳的精神和严谨的工作作风。

（3）培养学生标准意识和工匠精神。

1.1.2 知识目标

（1）掌握 PVC 线槽的切割和敷设方式。
（2）能够根据工作任务要求选择合适规格的 PVC 线槽。

1.1.3 技能目标

（1）能够根据工作任务要求完成对 PVC 线槽的敷设。
（2）能够正确使用钢锯、螺丝刀、开孔器等电工工具。
（3）能够按照施工要求，团队协作完成 PVC 线槽的敷设。

1.1.4 知识链接

1. 塑料线槽

塑料线槽由槽底、槽盖及附件组成，它是由难燃型硬聚氯乙烯工程塑料挤压成型的。塑料线槽是用于安装和保护电线与电缆的管道系统，其敷设场所的环境温度不得低于−15 ℃，其氧指数不应低于 27%。根据不同的用途和材料，塑料线槽可以分为以下几类。

（1）PVC 线槽：最常见的一种塑料线槽，具有良好的耐腐蚀性和绝缘性能，适用于 1 200 V 以下的电气设备中，对敷设其中的导线起机械防护和电气保护作用。该线槽通常具有较高的强度和刚性，易于安装和维护。

（2）PE 线槽：一种高密度聚乙烯材料制成的线槽，具有优异的耐冲击性和耐磨性。PE 线槽适用于室外或具有较恶劣工作环境的场所，能够有效保护电线和电缆。

（3）火焰阻燃线槽：采用特殊的阻燃材料制成，具有较高的阻燃性能，能够有效防止火灾蔓延。这种线槽通常用于对电线和电缆安全性要求较高的场所，如商场、酒店等公共场所。

（4）防静电线槽：采用导电材料制成，能够有效消除静电，并防止静电对电子设备造成干扰。这种线槽通常用于对静电敏感的场所，如医院、实验室等。

（5）高温线槽：采用耐高温材料制成，能够在高温环境下保持良好的性能。这种线槽通常用于工业生产过程中的高温区域，如炉窑、烘干设备等。

2. PVC 线槽的规格与选择

PVC 线槽的规格很多，根据线槽的厚度可分为 A 型（加厚型）和 B 型（普通型），线槽尺寸有 20（高）×10（宽），30×15，39×19，60×40，80×50 等（单位：mm）。

在选用 PVC 线槽时，如果施工图纸有明确标示，则按施工图纸要求选择即可；否则应根据设计要求和允许容纳导线的根数来选择 PVC 线槽的型号与规格。选用的 PVC 线槽应有产品合格证，内外应光滑没有棱刺，且不应有扭曲、翘边等现象。电气工程中，常用的 PVC 线槽型号有 VXC2 型、VXC25 型和 VXCF 型分线式（VXC 为难燃型线槽）。其中，VXC2 型 PVC 线槽可应用于潮湿和有酸碱腐蚀的场所。弱电线路多为非载流导体，自身引起火灾的可能性极小，在建筑物顶棚内敷设时，可采用难燃型带盖 PVC 线槽。线槽内电线或电缆的总截面（包括外护层）不应超过线槽内截面的 20%，载流导体不宜超过 30 根，控制信号或与其相类似的线路总截面积按不超过线槽内截面积的 50%计算，电线根数不限。部分 VXC2 型 PVC 线槽允许容纳导线的根数见表 1-1。

表 1-1　部分 VXC2 型 PVC 线槽允许容纳导线的根数

导线规格（标称截面/mm^2）		PVC 线槽规格与导线根数			
		VXC2-25	VXC2-30	VXC2-40	VXC2-5
500 V-BV、BLV 型绝缘导线	1.0	9	19		
	1.5	5	10	14	
	2.5	4	9	12	15
	4.0	3	7	9	11

3. PVC 线槽的切割加工

在线槽敷设过程中，会遇到转弯、绕柱、绕梁等情况，就得对线槽进行切割加工，然后拼接。线槽的加工方法有很多，可以根据线槽的规格选择加工方法。常用的加工工具有钢锯、修枝剪、切割机等。PVC 线槽的切割如图 1-1 所示。

(a) 用钢锯沿加工线切断线槽

(b) 用锉刀按角度要求修整切断口毛刺

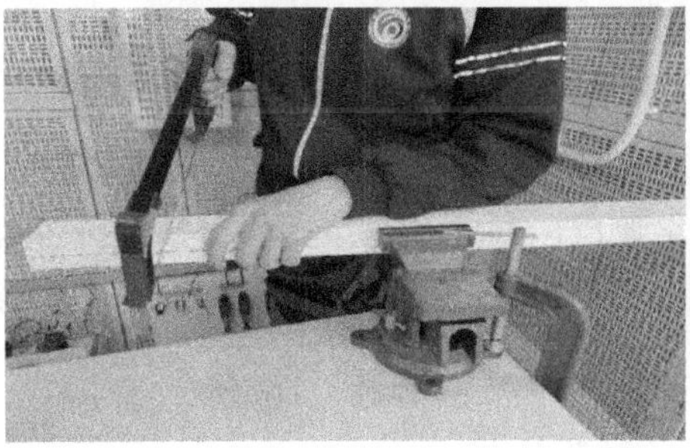

(c) 用台虎钳固定 PVC 线槽

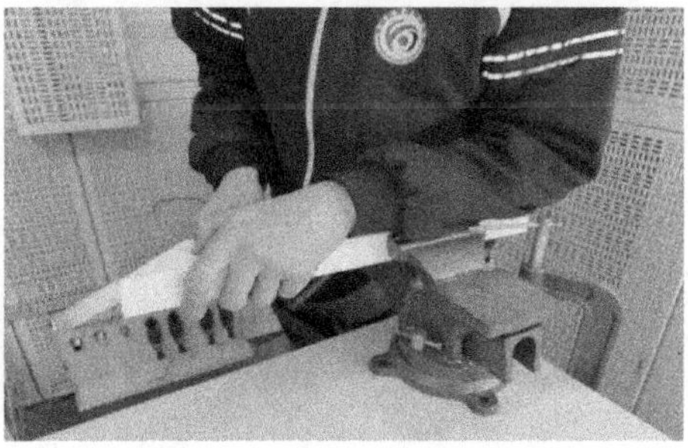

(d) 在 PVC 线槽上根据切割角度画出加工线

图 1-1　PVC 线槽的切割

PVC 线槽在切割时注意事项如下。

（1）在使用台虎钳固定线槽时，要注意夹持的松紧度。夹持太松，PVC 线槽松动无法操作；夹持太紧，PVC 线槽容易变形，甚至损坏。

（2）钢锯条应使用粗齿，切割时速度不要太快，注意把握切割方向。

（3）PVC 线槽拼接缝隙的要求较高（要求拼接缝隙小于 1 mm），在用锉刀修整切断口（去毛刺）时，要结合所要拼接的两个 PVC 线槽切断口进行修整，从而达到拼接缝质量要求，这也是 PVC 线槽安装时难度最大的部分。

4. PVC 线槽的拼接敷设

PVC 线槽的敷设方法比较多，分为直通敷设、平面转角拼接敷设、内角敷设、外角敷设、T 形槽敷设等。在实际敷设时，需根据图纸要求及施工现场等环境因素灵活应用。

1）直通敷设

直通敷设是指同规格的两端 PVC 线槽直线拼接。在敷设时，PVC 线槽槽盖应按每段线槽槽底的长度根据需要切断，可将对接的两块槽板的底板或槽盖端头锯成 45° 断口，交错紧密对接，底板的线槽必须对正，但注意槽盖和底板的接口不能重合，应相互错开 20 mm 以上。

2）平面转角拼接敷设

PVC 线槽在平面敷设时常常遇到直角转弯或任意角度转弯。对于直角转弯的敷设，需在两段线槽各自的拼接端先锯出 45° 的切口，然后进行拼接，如图 1–2（a）所示；对于任意角度转弯的敷设（常用的转弯角度有 120°、135°、150°，或在施工图纸上直接标注位置尺寸），需先各自锯出相同的角度切口，然后再拼接，如图 1–2（b）所示。

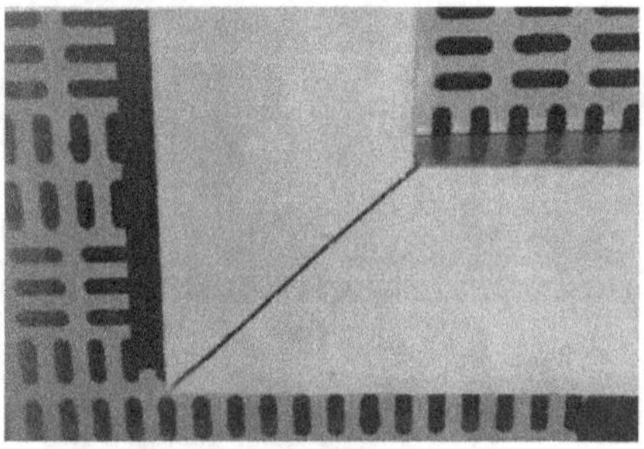

(a) 直角转弯

(b) 任意角度转弯

图 1–2　PVC 线槽平面转角拼接敷设

3）内角敷设

PVC 线槽敷设遇到墙内角时常采用内角敷设，有 45° 拼接和直角叠合拼接两种方式。直角叠合拼接方式比较简单，但是拼接效果不如 45° 拼接方式美观，一般推荐使用 45° 拼接方式，如图 1–3 所示。

4）外角敷设

当 PVC 线槽敷设遇到柱和梁，或者墙面外角转弯时，可采用外角敷设。它可分为 45° 拼接方式和直角拼合方式，一般推荐使用 45° 拼接方式，参见图 1–3。

图 1-3　PVC 线槽内角、外角 45° 拼接方式

5）T 形槽敷设

（1）当同规格 PVC 线槽遇到 T 形槽敷设时，在支路槽板的端头，两侧各锯掉腰长等于槽板宽度 1/2 的等腰直角三角形，留下夹角为 90° 的接头。干线槽板则在宽度的 1/2 处，锯一个与支路槽板接头配合的 90° 凹角，拼接时在拼接点上把干线底板正对支路线槽的棱锯掉、铲平，以便分支导线在槽内能够顺利通过。

（2）当不同规格的两段 PVC 线槽需要进行 T 形槽敷设时，需要在大线槽侧方打矩形槽，小线槽伸入大线槽 5～10 mm 的距离，如图 1-4 所示。

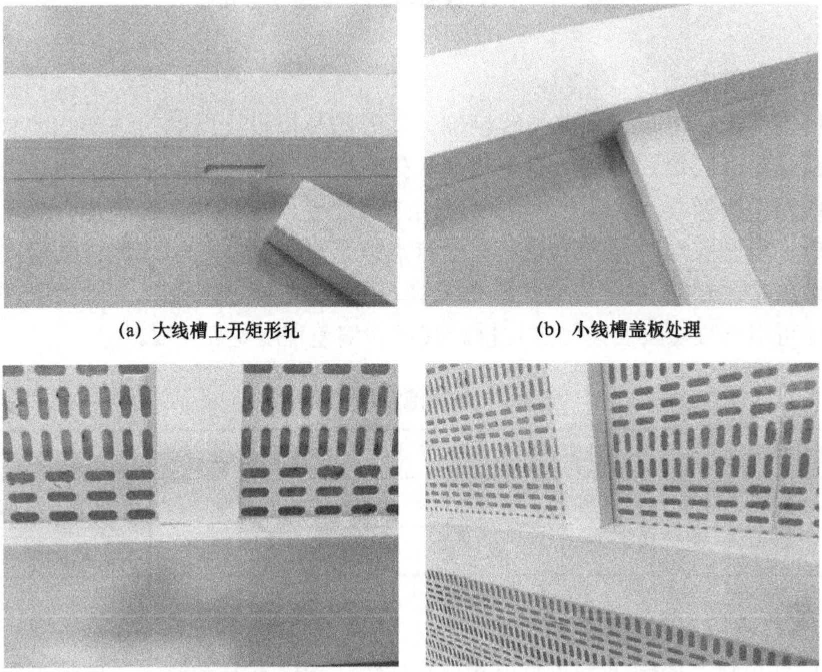

(a) 大线槽上开矩形孔　(b) 小线槽盖板处理

(c) 小线槽插入大线槽　(d) 安装效果图

图 1-4　不同规格 PVC 线槽的 T 形槽敷设

6）PVC 线槽与 PVC 线管的连接

当 PVC 线槽与 PVC 线管连接时，需在 PVC 线槽上用阶梯钻钻出适当大小的圆孔，然后用 PVC 线管的安装配件与 PVC 线槽进行连接，如图 1-5 所示。

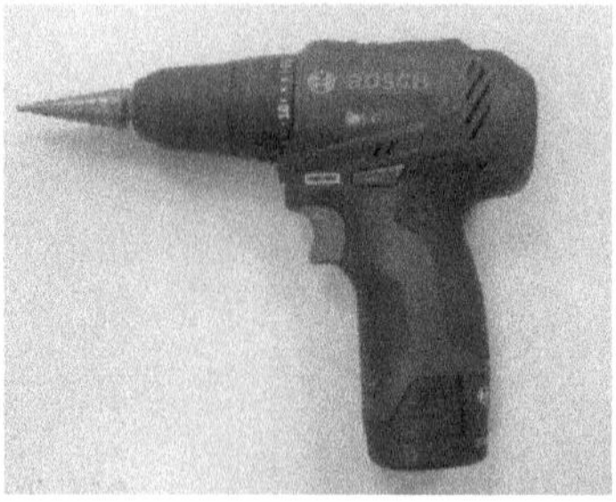

(a) 阶梯钻

(b) 钻孔

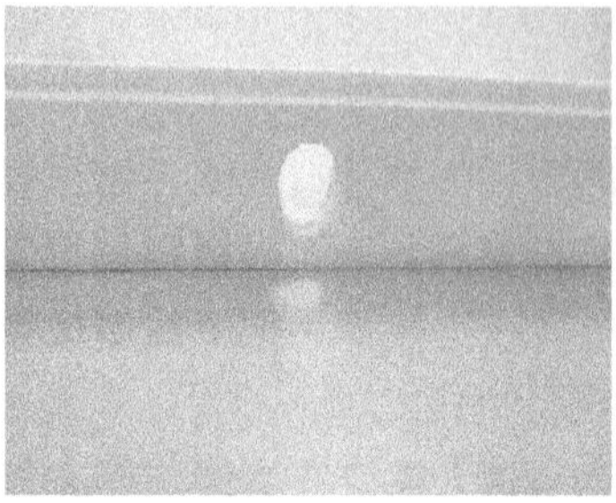

(c) 圆孔

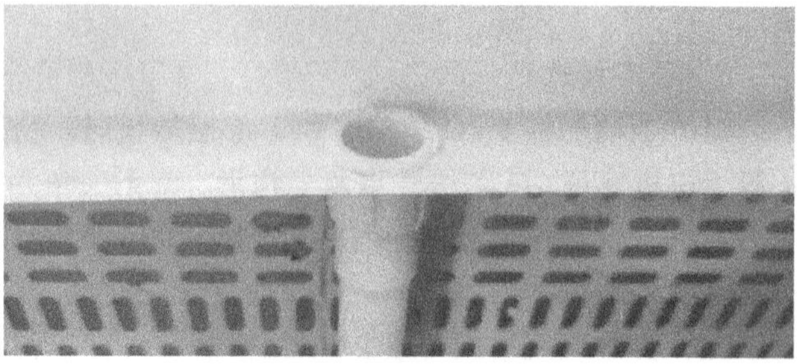

(d) 连接

图 1–5　PVC 线槽与 PVC 线管的连接

5. 线槽的定位

线槽的定位在工程上采取弹线定位。其方法是按设计图确定进户线、盒、箱等电气器具固定点的位置，从始端到终端（先干线后支线）找好水平或垂直线，用粉线袋在线路中心弹线，分匀挡，用笔画出加挡位置后，再细查木砖是否齐全，位置是否正确，否则应及时补齐。然后在固定点位置进行钻孔，埋入塑料胀管或伞型螺栓。如果在 YL–156A 电气安装与维修实训台安装线槽，需按图纸尺寸找到网孔板的位置，即可用自攻螺丝安装固定线槽。其尺寸偏差程度见表 1–2。

表 1–2　线槽敷设尺寸偏差表

项次	项目		允许偏差/mm	检验方法
1	水平或直线敷设的直线段	平直程度	5	拉线、尺量检查
2		垂直度	5	拉线、尺量检查

6. PVC 线槽槽底的固定点间距

PVC 线槽槽底的固定点间距视其规格而定，一般不大于表 1–3 中所列数值。在固定线槽时，应从始端到终端在墙壁或顶棚上找好水平或垂直线，用粉袋沿墙壁等处弹出线路的中心线，并根据 PVC 线槽定点的挡距要求，标出线槽的固定点。

若在 PVC 线槽中间固定，则固定点应在 PVC 线槽中心线上；若在 PVC 线槽两侧固定，则固定点应在 PVC 线槽两侧保持两条直线。

在固定 PVC 线槽时，应先固定两端再固定中间，端部固定点距槽底终点不应大于 50 mm。固定好的槽底应紧贴建筑物表面，布置合理，横平竖直，PVC 线槽的水平度与垂直度允许误差应不大于 5 mm，参见表 1–2。

表 1–3 线槽固定点间距

固定点型式	线槽宽度/mm		
	20～40	60	80～120
	固定点最大间距 L/m		
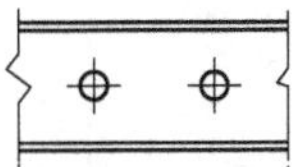	0.8	—	—
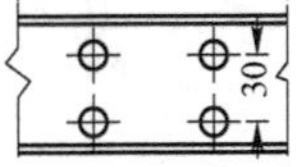	—	1.0	—
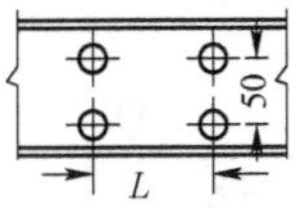	—	—	0.8

7. PVC 线槽敷设的质量要求

（1）槽板应紧贴建（构）筑物的表面敷设，且平直整齐；当多条槽板并列敷设时，应紧密排列，无明显缝隙。

（2）电线、电缆在 PVC 线槽内不得有接头，导线的分支接头应设置在接线盒内；盖板不应挤伤导线的绝缘层。

（3）当 PVC 线槽与各种器具的底座连接时，导线应留有余量，底座应压住 PVC 线槽端部。

（4）放线时先将导线放开伸直，从始端到终端边放边整理，导线不得有挤压、打绞、扭结和受损等现象。

（5）强、弱或其他不同电压等级的线路不应同时敷设在同一条 PVC 线槽内，同一路径且无抗干扰要求的线路，尽可能敷设在同一 PVC 线槽内。

（6）PVC 线槽在线路的分支处应采用相应的分线盒，在 PVC 线槽槽盖与各种附件相对接时接缝处应严密平整、无缝隙，槽盖及附件应无扭曲和变形。

（7）PVC 线槽敷设完毕，表面应清洁无污染，在安装 PVC 线槽的过程中应注意保持墙面清洁。

1.1.5 任务内容

某学校多媒体教室新增一套照明线路，要求配套安装塑料线槽，将导线规范整理，请根据塑料线槽的安装示意图，在 YL–156A 型电气安装与维修实训考核装置上安全规范地完成塑料线槽的定位安装敷设，如图 1–6 与图 1–7 所示。

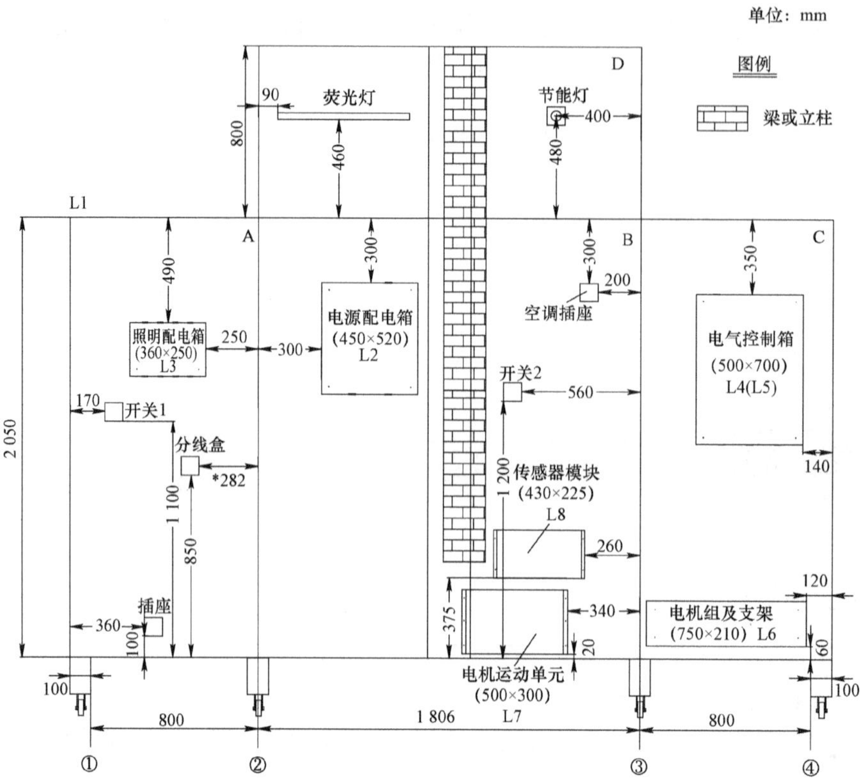

图 1-6　塑料线槽安装平面示意图

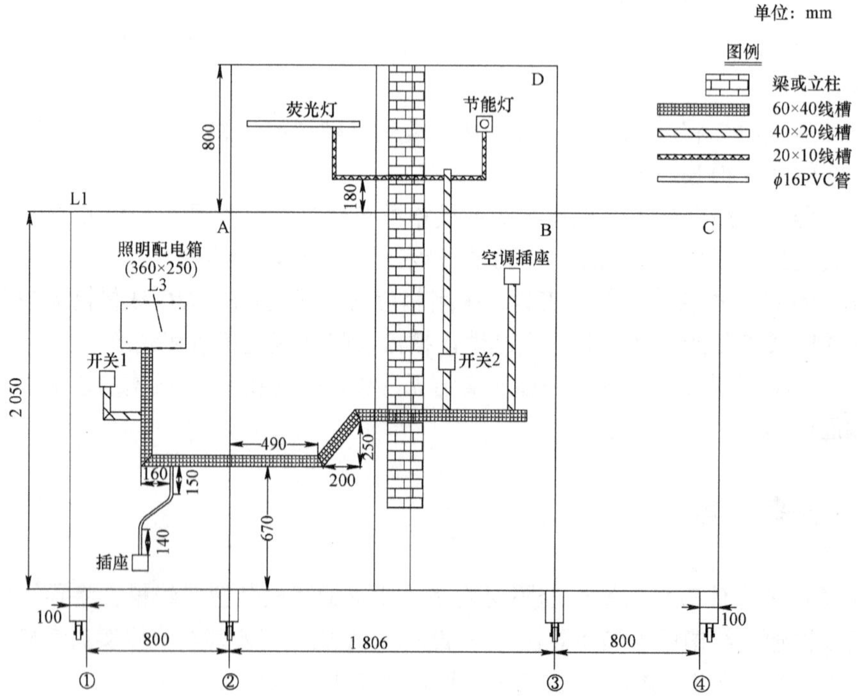

图 1-7　PVC 塑料线槽安装图

1.1.6　任务实施

1. 施工单

施工单见表 1–4。

表 1–4　施工单

施工单号：

发单日期：

工程名称	××多媒体教室电气安装工程		
工位号		施工日期	
施工内容	按《电气设备和器件安装位置示意图》《照明布线示意图》《动力布线示意图》在墙面和顶棚安装电气设备与器件、线槽和相关附件		
施工技术资料	PVC 线槽安装示意图		
施工要求	1. 按《电气安全工作规程》进行施工； 2. 按《电气装置安装工程 低压电器施工及验收规范》要求安装电气元件和控制电路； 3. 按《建筑电气工程施工质量验收规范》中的验收标准安装电气线路		
备注	施工图更改记录：		

2. 材料清单

材料清单见表 1–5。

表 1–5　材料清单表

序号	名称	规格/型号	单位	数量	备注（说明）
1	PVC 平线槽	20×10A 型	根	2	2 m/根或 3 m/根
		39×19A 型	根	2	
		60×40A 型	根	2	
2	PVC 线槽终端头	20×10	只	2	
3	自攻螺丝	$\phi 6\times 15$	只	若干	
		$\phi 6\times 25$	只	若干	

3. 工（量）具清单

钢锯、锉刀、台虎钳、电动螺丝刀（带阶梯钻头、锯片）、螺丝刀、卷尺、角度尺。

4. 任务分工

任务分工见表 1–6。

表 1–6 任务分工表

任务名称	××多媒体教室电气安装工程
组号	
组长	
组员	
成员分工	

1.1.7 任务评价

项目任务评价见表 1–7。

表 1–7 项目任务评价表

项目	序号	内容	配分	评分标准	得分
PVC 线槽敷设工艺	1	线槽走向与布局	20	（1）不按图纸的位置布局，扣 5 分/处； （2）线槽安装位置与图纸尺寸相差 ±5 mm 及以上者，扣 2 分/处； （3）线槽不牢固、松动，扣 2 分/处	
	2	线槽固定	25	（1）40 mm 以上的线槽没有并行固定或固定螺钉不在一条直线上或明显松动，扣 2 分/处； （2）固定螺钉间距不符合规范，扣 2 分/处	
	3	线槽工艺	30	（1）槽板端头未对准电箱出孔或未处于开关盒、插座盒和灯座的中间位置，扣 2 分/处； （2）未贴柱面或接缝超过 1 mm，扣 2 分/处； （3）弯角角度不正确，扣 5 分/处； （4）未盖盖板，扣 3 分/处，盖板未盖到位或盖板接缝超过 1 mm，扣 3 分/处； （5）用错线槽终端附件或未使用，扣 3 分/处	
	4	线槽进盒（箱）工艺	15	（1）线槽与开关、插座底座连接未入盒，扣 3 分/处； （2）线槽与线管连接未用连接件，扣 3 分/处	

续表

项目	序号	内容	配分	评分标准	得分
职业素养与安全文明生产	5	整理、清扫、安全、素养	10	（1）没有穿戴防护用品，扣 5 分； （2）检修前，未清点工具、仪表、耗材，扣 2 分； （3）未经试电笔测试前，用手触摸电器线路，扣 5 分； （4）乱摆放工具，乱丢杂物，完成任务后不清理工位，扣 5 分； （5）发生严重违规操作，取消操作成绩	

任务 1.2　PVC 线管的敷设与安装

1.2.1　思政目标

（1）培养学生自主学习、自我发展的兴趣。

（2）培养学生掌握电气安全知识、团结协作、吃苦耐劳的精神和严谨的工作作风。

（3）培养学生标准意识和工匠精神。

1.2.2　知识目标

（1）掌握 PVC 线管的切割和敷设方式。

（2）能够根据工作任务要求选择合适规格的 PVC 线管。

1.2.3　技能目标

（1）能够根据工作任务要求完成对 PVC 线管的敷设。

（2）能够正确使用钢锯、螺丝刀、开孔器等电工工具。

（3）能够按照施工要求，团队协作完成 PVC 线管的敷设。

1.2.4　知识链接

1. 塑料线管

塑料线管是一种常见的线管，它通常由聚氯乙烯（PVC）或聚丙烯（PP）等材料制成。这种线管具有良好的耐腐蚀性和绝缘性能，适用于室内和室外的电线与电缆保护。

PVC 线管的分类如下。

（1）按用途分 PVC 阻燃穿线管、给水管、排水管。

（2）按品种分 PVC-U 硬质聚氯乙烯、PVC-C 氯化聚氯乙烯、PVC-M 高抗冲聚氯乙烯。

（3）按规格分 16，20，25，32，40，50，63，…，630，…，800。

根据《建筑用绝缘电工套管及配件》（JG/T 3050—1998）规定，PVC 线管分为 L 型（轻型）、M 型（中型）、H 型（重型）阻燃穿线管材。根据壁厚的不同，其内径也不同，常用的 PVC 穿线管的壁厚有 A 型加厚型、B 型通用型、C 型薄壁型 3 种。一般工程采用最多的是 B 型管。其他规格如果量大有的厂家可以定制生产。

根据《低压配电设计规范》（GB 50054—2011）规定，穿管的绝缘导线总截面面积（包括外护层）不应超过管内截面面积的 40%，可根据施工图纸计算导线根数。

2. PVC 线管加工

1）PVC 线管的切割

对于小管径的管子可采用剪管器切断，在用剪官器剪管子时，应边慢慢转动管子边进行裁剪，这样刀子更容易切入管壁，在刀子切入管壁后，应停止转动管子，以保证切口平整，并继续裁剪，直至管子被切断为止（见图 1-8）。而对大管径的线管可使用钢锯锯断，断口处应处理平整、光滑。

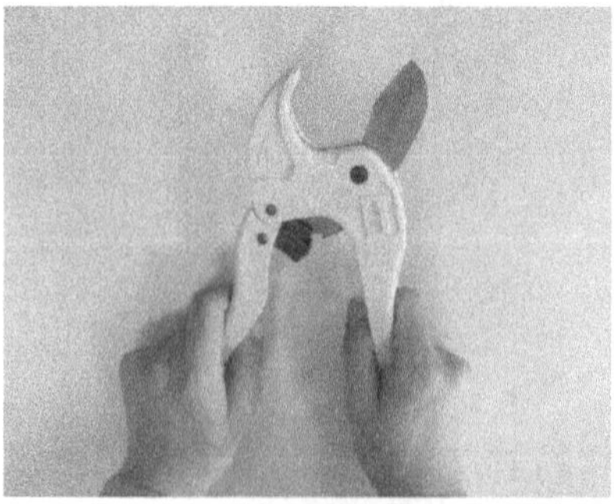

(a) 剪管器

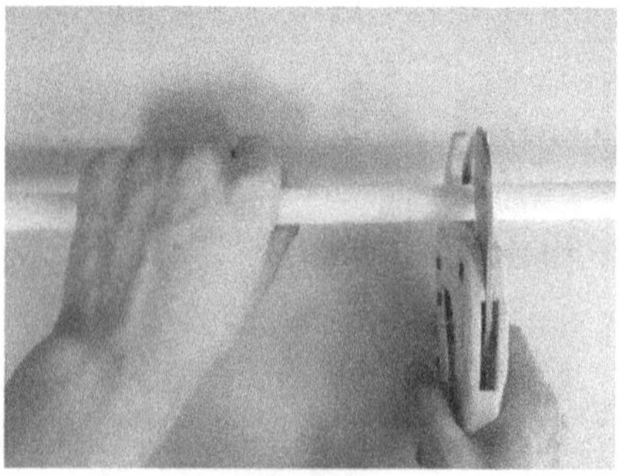

(b) 慢慢转动管子

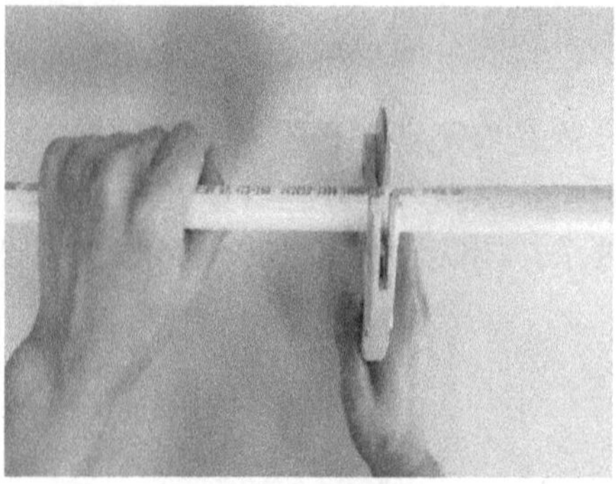

(c) 停止转动、继续裁剪

图 1-8　PVC 线管剪管器的使用方法

2）PVC线管的弯管制作

弯管的制作方法：可分为热煨法和冷煨法，根据其材料要求，弯管时的外界环境温度不得低于−15 ℃。本任务主要介绍弹簧式弯管器冷煨法。

（1）冷煨法。该法适用于ϕ15～ϕ25 管径的管子在常温下弯制。注意要使用与管径相匹配的弯管弹簧，不得以小代大。在弯曲较长的管子时应先将铁丝在弯管弹簧上拴好，以便弯后将弹簧拉出。

弯管时，将与PVC线管内径相应的弹簧弯管器插入PVC线管需弯曲处，两手握住PVC线管弯曲处两端有弹簧插入的部位，用手逐渐用力弯出需要的弯曲半径。若手的力度不够时，可将弯曲部位顶在膝盖或硬物上再用手扳。弯曲的力度不能太猛，不要一次性就将角度弯出，要逐渐用力，逐渐弯曲，用力与受力点要均匀，一般情况下弯出的角度应比所需弯曲的角度略小，回弹后即可达到要求，最后再将弹簧弯管器从PVC线管内抽出。

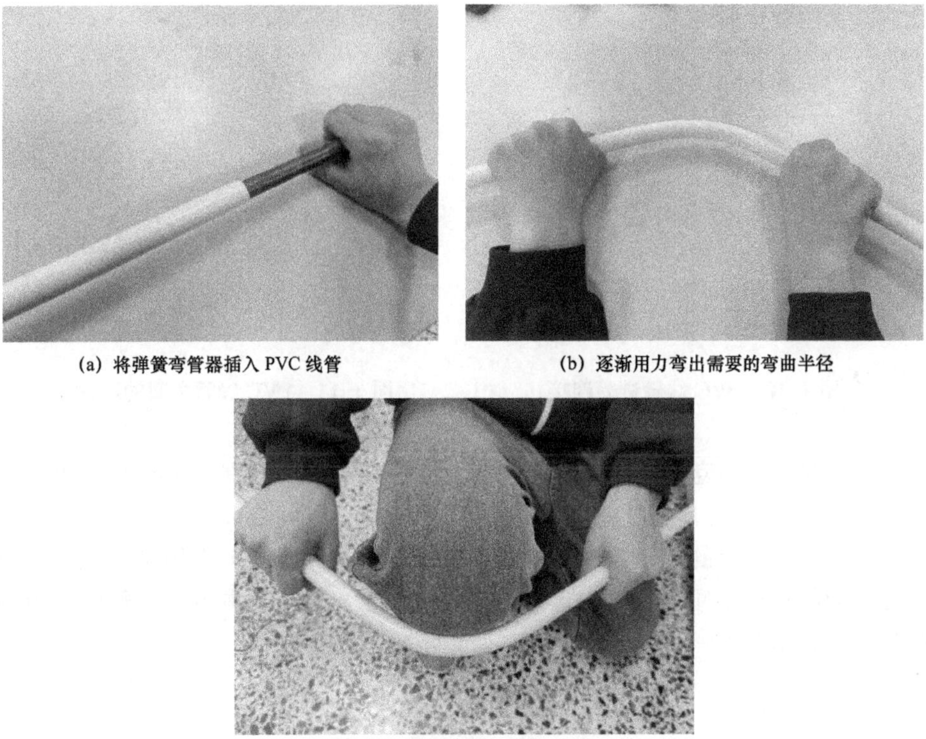

(a) 将弹簧弯管器插入PVC线管　　(b) 逐渐用力弯出需要的弯曲半径

(c) 顶在膝盖上再用手扳

图1−9　弹簧弯管器的使用方法

在弯制 90°弯或鸭脖子弯时，可用外套大管径的钢管作为力矩进行加力，帮助弯曲管子，即用内径比PVC线管外径略大且长度较长的钢管套在PVC线管需弯部位（起省力的作用），一手握住PVC线管，一手扳动钢管，便可弯出长度适当的90°弯或鸭脖子弯。

弯管的质量要求如下。

① 弯曲半径不应小于 PVC 线管外径的 6 倍。建议弯曲半径为线管外径的 4～6 倍。

② PVC 线管的弯曲处不应有折皱、凹穴和裂缝、裂纹。

③ PVC 线管的弯曲处弯曲的长度不应大于管子外径的 10%。

（2）热煨法。加热管子可采用喷灯、木炭、木材、电炉或热风机等方法。无论采用哪种加热的方法均不得出现管子烤伤、变色、破裂等质量问题。将弯好后管子的弯曲部分放在冷水中，冷却后即可定型。

3. PVC 线管的连接

PVC 线管连接的工艺要求如下。

（1）管口应平整、光滑，管与管、管与盒、管与箱等器件应采用插入法连接，接口应牢固紧密（见图 1-10）。

（2）当管与管之间采用套管连接时（见图 1-11），套管的长度应为管外径的 1.5～3 倍，管口在套管中应对缝平齐；当管与器件连接时，插入的深度应为管外径的 1.1～1.8 倍。

图 1-10　PVC 线管进箱连接

图 1-11　PVC 线管之间的连接

（3）连接应采用套箍连接（包括端接头接管），使用配套的塑料管胶粘剂，均匀涂在管外壁上，且管口应到位、平齐，在粘接 1 min 内不得移动。

（4）管与盒、箱的连接：当管与盒连接时必须使用盒上的专用敲落孔，要求孔的直径与管的直径要配套一致；管与箱的连接要求一管一孔顺直进入箱中，内锁母紧贴箱壳（见图 1-12）。

图 1-12　PVC 线管与盒连接示意图

PVC 线管连接的质量要求如下。

（1）PVC 线管与盒（箱）的连接处，应顺直进入，不应使 PVC 线管斜穿到盒（箱）内。

（2）PVC 线管的外径要与盒（箱）的敲落孔相一致，管口应平整、光滑，一管一孔顺直插入盒（箱）内，在盒（箱）内露出长度应少于 5 mm。

（3）多根 PVC 线管进入配电箱时应长度一致，排列间距均匀。

（4）PVC 线管与盒（箱）连接应固定牢固，盒（箱）未被用到的敲落孔不应被破坏。

4. PVC 线管的敷设

在线管明敷设时，支架、吊架位置应正确，间距均匀。在线管水平敷设时，高度不得低于 2 000 mm；在垂直敷设时，高度不得低于 1 500 mm（1 500 mm 以下应加保护套管）（见表 1–8）。线管敷设要做到横平、竖直、美观。

表 1–8　PVC 线管管卡的最大距离

敷设方式	管内径/mm		
	＜20	25～40	＞50
吊架、支架或沿墙壁敷设间距/mm	1 000	1 500	2 000

当单根 PVC 线管在室内沿墙壁敷设时，一般都使用塑料管卡或塑料开口管卡（小口径管），如图 1–13 所示。

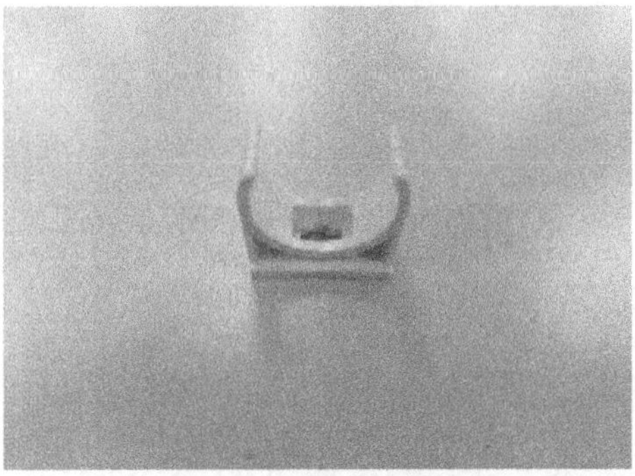

图 1–13　塑料开口管卡

塑料开口管卡用一个螺钉固定，在敷设时，先将全线的管卡逐个固定后，配管时再将 PVC 线管从管卡开口处压入即可。塑料管卡要用两个螺钉固定，敷设时要先将管卡一端的螺钉拧进一半，然后将管子置于卡内，再拧入另一个螺钉，最后将两个螺钉拧紧即可。

PVC 线管明敷设的质量要求如下。

（1）PVC 线管管口应平整、光滑，管与管、管与盒（箱）等器件应用插入法连接，连接处接合面应涂胶粘剂，接口应牢固封闭。

（2）在明敷 PVC 线管穿过楼板时容易受机械损伤的地方，应采用钢管保护，其保护高度距楼板表面的距离应不小于 50 mm。

（3）明敷 PVC 线管应排列整齐，固定点间距均匀，管卡间最大距离应符合规定，管卡与终端、转弯中点、电气器具或盒（箱）边缘的距离为 150～300 mm。

（4）鸭脖子弯进盒（箱）的 PVC 线管在进盒（箱）前要有管卡固定，管卡固定孔与（箱）边距离为 150～300 mm。PVC 线管不能直接入盒（箱）时必须做鸭脖子弯处理；同一位置多个 PVC 线管入同个箱体时，鸭脖子弯的形状、位置应一致。

在完成 PVC 线管敷设工作任务时，必须满足以下敷设工艺要求。

（1）PVC 线管走向按图纸的位置布局，安装位置与图纸尺寸相差不超过±5 mm。

（2）PVC 线管管径的大小要按图纸要求进行正确选择。

（3）PVC 线管敷设应牢固，不松动，管卡应固定牢固，PVC 线管要压入管卡中，固定管卡间距要符合规范。

（4）PVC 线管与 PVC 线槽、箱（盒）相连接时要使用连接件，且连接件要锁紧。

（5）PVC 线管进入照明配电箱及电气控制箱前，按规范制作鸭脖子弯。

（6）PVC 线管转弯处要转弯圆滑，半径要符合要求，直角转弯的偏差角度不大于 5°。

（7）PVC 线管弯曲处无折皱、凹穴或裂缝、裂纹，弯曲处弯肩的长度不大于 4 mm。

（8）PVC 线管拐弯处两端的固定管卡离转弯处的距离不小于 50 mm，且基本对称，距拐弯处的距离偏差小于 5 mm。

（9）所有 PVC 线管表面应干净（见图 1-14），无施工的临时标志残留。。

图 1-14　PVC 线管的敷设

1.2.5　任务内容

某学校多媒体教室新增一套新设备，要求配套安装塑料线管，将导线规范整理。请根据塑料线管的安装示意图，在 YL-156A 型电气安装与维修实训考核装置上安全规范地完成塑料线管的定位安装敷设，如图 1-15 与图 1-16 所示。

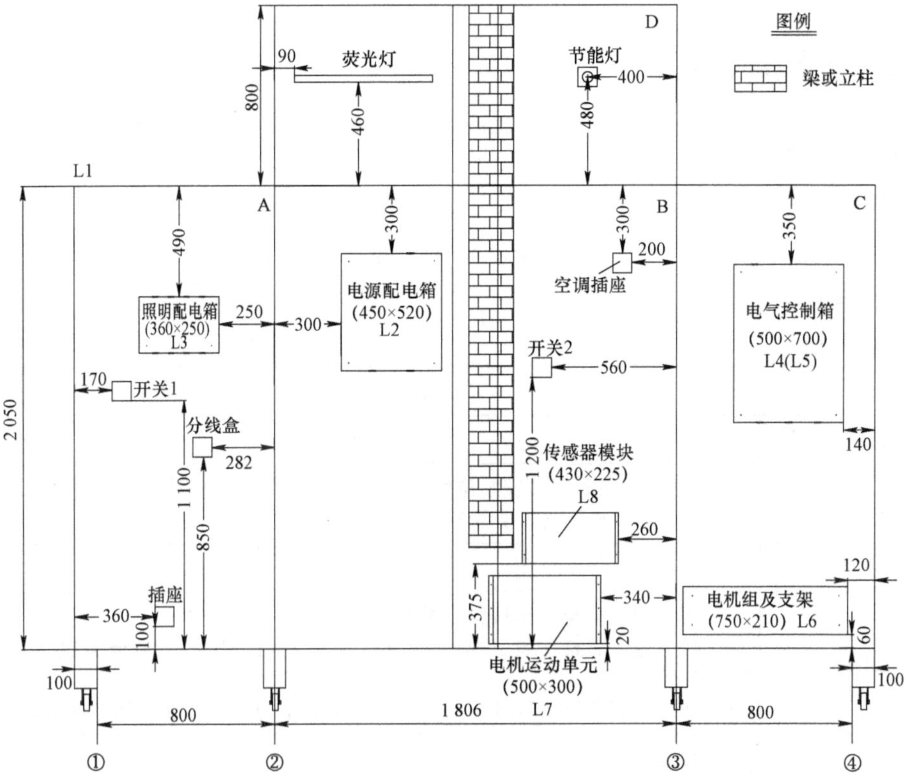

图 1-15　塑料线管敷设安装平面示意图

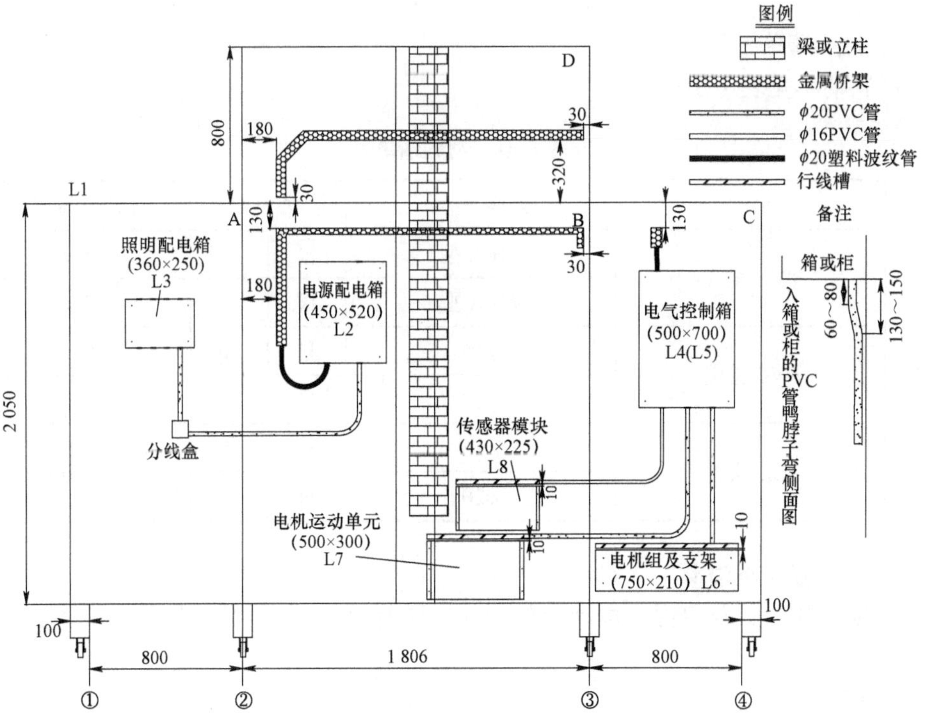

图 1-16　塑料线管敷设安装图

1.2.6 任务实施

1. 施工单

施工单见表 1–9。

表 1–9 施工单

施工单号：

发单日期：

工程名称	××多媒体教室电气安装工程		
工位号		施工日期	
施工内容	按《电气设备和器件安装位置示意图》《照明布线示意图》《动力布线示意图》在墙面和顶棚安装电气设备与器件、线槽和相关附件		
施工技术资料	PVC 线管安装示意图		
施工要求	1. 按《电气安全工作规程》进行施工； 2. 按《电气装置安装工程 低压电器施工及验收规范》要求安装电气元件和控制电路； 3. 按《建筑电气工程施工质量验收规范》中的验收标准安装电气线路		
备注	施工图更改记录：		

2. 材料清单

材料清单见表 1–10。

表 1–10 材料清单表

序号	名称	规格/型号	单位	数量	备注（说明）
1	PVC 线管	ϕ16A 型	根	2	3 m
		ϕ20A 型	根	2	3 m
2	PVC 壁疏	ϕ16	只	20	
		ϕ20	只	20	
3	U 型平头管卡	ϕ16	只	30	
		ϕ20	只	30	

3. 工（量）具清单

钢锯、锉刀、台虎钳、电动螺丝刀（带阶梯钻头、锯片）、螺丝刀、卷尺、角度尺。

4. 任务分工

任务分工见表 1–11。

表 1–11 任务分工表

任务名称	××多媒体教室电气安装工程
组号	
组长	
组员	
成员分工	

1.2.7 任务评价

任务评价见表 1–12。

表 1–12 PVC 线管安装工作任务评价表

序号	评价内容	配分	评价标准	自我评价	老师评价
1	PVC 线管布线	20	（1）不按图纸的位置布线，扣 5 分/处； （2）PVC 线管安装位置与图纸尺寸相差±5 mm 及以上者，扣 2 分/处； （3）线路不牢固、松动，扣 2 分/处； （4）PVC 线管未压入管卡中，扣 1 分/处		
2	PVC 线管固定	25	（1）直线两端、转弯处两端、入盒（箱、槽）前端不装管卡固定，扣 4 分/处； （2）转弯处两端管卡不对称，或管卡位置与规定不符者，扣 2 分/处； （3）PVC 线管直接进盒、箱、槽前的固定管卡位置与规定不符，扣 2 分/处； （4）PVC 线管未做鸭脖子弯进盒（箱），固定管卡位置与规定不符，扣 2 分/处； （5）直线段固定管卡间距不合理、不一致，扣 2 分/处（注：当直线端、转弯端和入盒（箱）前端固定点三者位置有冲突时，评测标准的次序为：① 转弯点；② 入盒、箱、槽点；③ 直线点）		

续表

序号	评价内容	配分	评价标准	自我评价	老师评价
3	PVC 线管敷设工艺	30	（1）直角转弯的偏差角度大于 5°，扣 4 分/处； （2）PVC 线管的弯曲处有折皱、凹穴或裂缝、裂纹，管的弯曲处弯曲的长度大于规定长度，扣 5 分/处； （3）PVC 线管入槽时未用连接件或连接件松动，扣 2 分/处		
4	PVC 线管进盒（箱）工艺	15	（1）不做鸭脖子弯，导致线管斜伸进盒（箱），扣 5 分/处； （2）PVC 线管进盒（箱）未使用连接件，扣 5 分/处；连接件松动，扣 2 分/处		
5	安全操作规程	5	符合要求得 5 分，基本符合要求得 3 分，一般得 1 分（有严重违规可以一项否决，如不听劝阻，可终止操作）		
6	工具、耗材摆放、废料处理	3	根据情况，符合要求得 3 分，有 2 处错得 2 分，有 2 处以上错得 0 分		
7	工位整洁	2	根据情况，做到得 2 分，未做到扣 2 分		

任务 1.3　金属桥架的敷设与安装

1.3.1　思政目标

（1）重点强调安全操作规程，使学生在实践中养成安全意识，掌握正确的操作方法，确保操作过程的安全可靠。

（2）通过分组实践、团队合作等方式，引导学生学会在团队中发挥个人优势，与他人有效沟通，协同完成任务，提升团队整体效能。

（3）通过设计具有挑战性的实践任务，引导学生积极探索解决问题的新方法，培养学生的创新精神和实践能力。

1.3.2 知识目标

（1）掌握金属桥架的连接和安装方式。
（2）能够根据工作任务要求选择合适规格的金属桥架。

1.3.3 技能目标

（1）能够根据工作任务要求对金属桥架进行安装及固定。
（2）能够对金属桥架进行接地处理。
（3）能够正确使用电动螺丝刀、尖嘴钳、剥线钳等电工工具，按照施工要求，团队协作完成金属桥架的安装。

1.3.4 知识链接

1. 金属桥架

桥架是由托盘、梯架的直线段，弯通附件及支、吊架等构成，用以支承电缆的具有连续的刚性结构系统的总称，在建筑电气工程中用于线缆的敷设，主要作用是保护、支撑线缆或光纤。桥架的材质有铝合金、钢、玻璃钢、PVC 耐火阻燃材料等，其中钢制桥架表面处理的工艺主要有喷漆、喷塑、电镀锌、热镀锌、粉末静电喷涂等。

桥架可包含下列结构类型：槽式、托盘式、梯式和组合式 4 种，分别用字母 C、P、T、ZH 表示。选型时应注意桥架的所有零部件是否符合系列化、通用化、标准化的成套要求。建筑物内桥架可以独立架设，也可以敷设在各种建筑物和管道支架上，应体现造型简单、结构美观、配置灵活和维修方便的特点。若安装在室外或者是临近海边或湿气较重等区域，桥架必须具有防腐、耐潮气、附着力好、抗冲击力好等特点。

在工程设计中，金属桥架的布置应根据经济合理、技术可行、运行安全等因素综合比较，以确定最佳方案，同时还要充分满足施工安装、维护检修及电缆敷设的要求。金属桥架的规格比较多，很多厂家还可以根据客户需求生产非标准规格的金属桥架。部分常用金属桥架的规格见表 1-13。

表 1-13 部分常用金属桥架的规格

钢板厚/mm	宽度/mm	高度/mm	钢板厚/mm	宽度/mm	高度/mm
1.0	50	25	1.4	150	75
1.2	100	50	1.6	200	100
1.6	250	125	1.6	300	150
1.6	400	200	2.0	500	200
2.0	600	200	2.0	800	200

YL-156A 型电气安装与维修实训考核装置所配置的是金属桥架，金属桥架具有造型简单、结构美观、配置灵活和维修方便的特点，能真实反映施工现场的敷设安全、维护检修、电缆敷设的要求。

2. 金属桥架的连接

（1）金属桥架的直线连接。金属桥架之间使用桥架连接板连接，用螺钉紧固，注意螺母应位于桥架外侧，以免刮伤导线绝缘层，如图 1-17 所示。

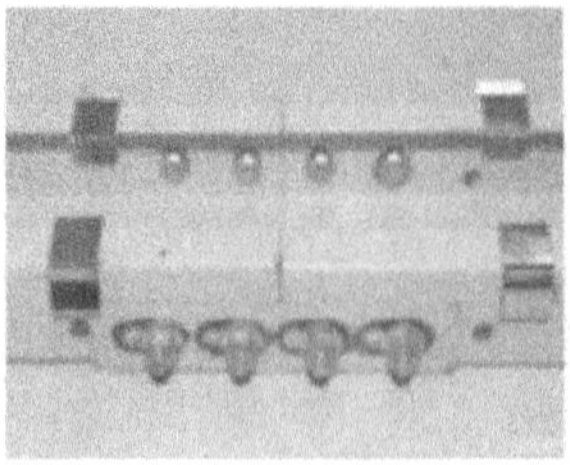

(a) 金属桥架及连接板

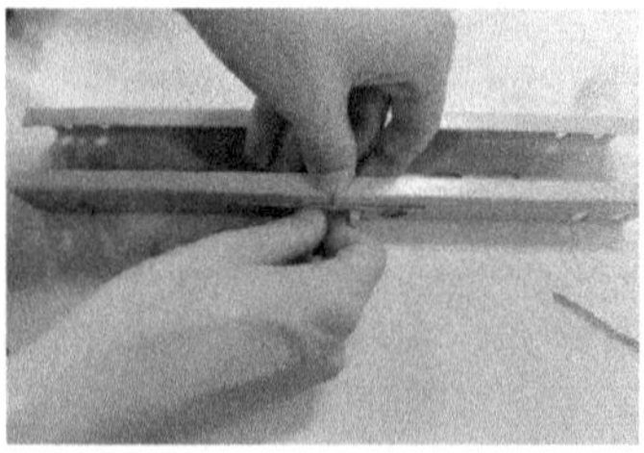

(b) 在外侧使用螺母连接

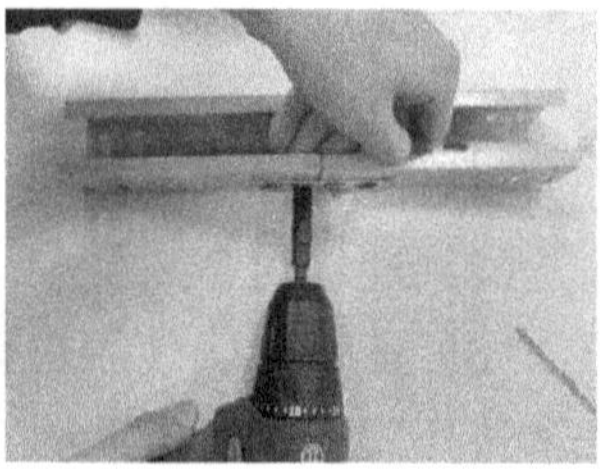

(c) 用电动螺丝刀紧固

图 1-17　金属桥架的直线连接

（2）金属桥架的转角连接。金属桥架采用专门的转角连接配件进行转角连接，连接方法与直线连接相同，如图 1-18 所示。

(a) 垂直等径上通弯通

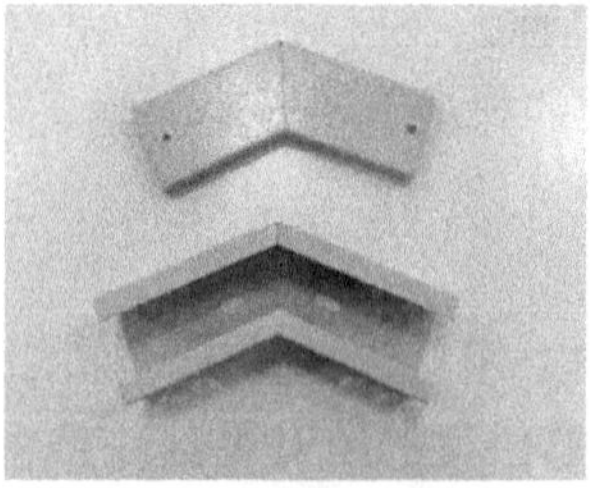

(b) 水平 45°弯通

(c) 水平 90°弯通

(d) 垂直等径右上弯通

(e) 上边垂直等径三通

(f) 垂直等径变向弯通

图 1-18　常用的金属桥架转角连接配件

（3）金属桥架与配电柜（箱）的连接。金属桥架与配电柜（箱）的连接可采用在配电柜（箱）上直接开孔，用连接件将其固定连接成一体，也可采用波纹管、金属软管、PVC 线管将导线引出再接入配电柜（箱）的方式进行连接。图 1-19 为金属桥架通过波纹管与配电箱进行连接。

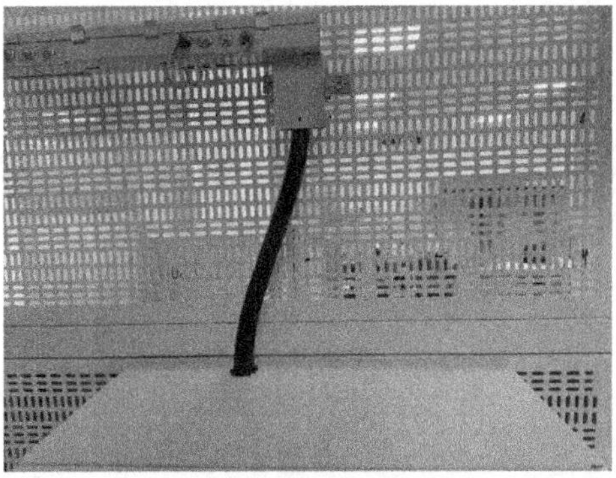

图 1–19　金属桥架通过波纹管与配电箱进行连接

3. 金属桥架的接地

金属桥架及其支撑吊架和引入或引出的金属电缆导管，必须进行可靠的保护接地（见图 1–20）且必须符合下列要求。

（1）金属桥架及其支撑吊架全长应不少于 2 处与接地干线相连接，在金属桥架的首端、末端用导线接在接地线上即可。

（2）非镀锌金属桥架间连接板的两端必须跨接铜芯导线或编织导线。

（3）镀锌金属桥架间连接板的两端可不做接地跨接线，但每块连接板应不少于 2 个防松动螺母或防松动垫圈，以及紧固连接的固定螺栓。

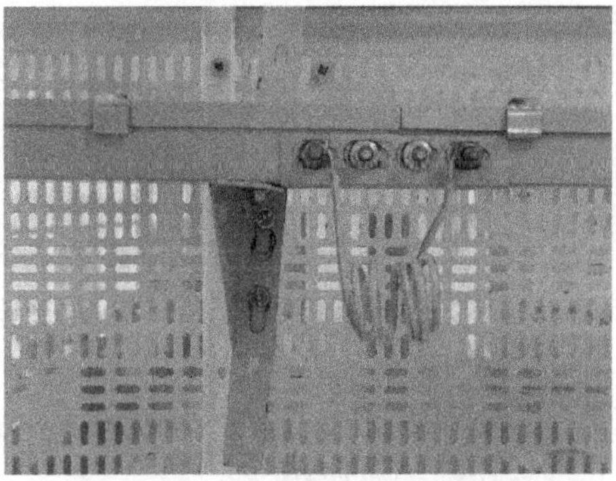

图 1–20　金属桥架的接地处理

4. 金属桥架的固定

金属桥架的固定可分为托臂支撑和吊杆支撑两种。吊杆支撑如图 1–21 所示，安装效果如图 1–22 所示。

金属桥架吊杆支撑要求如下。

（1）户内支撑吊架直线段的支撑跨距一般为 1.5～3 m。

（2）非直线段的支撑吊架，应在距非直线段与直线段接合处 300～600 mm 的两侧各设置一个支撑吊架。

（3）每段金属桥架上至少有 2 处支撑吊架对其进行固定。

图 1-21　吊杆支撑固定

图 1-22　金属桥架的吊杆支撑安装效果

5. 金属桥架的敷设

在完成金属桥架敷设工作任务时，必须满足以下敷设工艺要求。

（1）金属桥架走向按图纸的位置布局，安装位置与图纸尺寸相差不超过±5 mm。

（2）金属桥架直线段及其附件（含 U 形托臂、三角托臂、吊杆）等选配正确。

（3）金属桥架与波纹管连接处使用封头，并连接牢靠。

（4）金属桥架之间使用连接片连接，用螺栓连接固定，螺母朝外；连接处没有明显缝隙，所有桥架开口向上或向外。

（5）相邻金属桥架之间用铜螺栓连接接地线，接地线必须固定在两片铜质垫片之间，两端封头接地线必须与接地干线连接。

（6）每段金属桥架都安装 4 个盖板安装卡，都用盖板盖好，且盖板嵌入安装卡中，盖板间没有明显缝隙。

（7）三角托臂、U 形托臂及吊杆应安装牢固，无松动，吊杆安装在金属桥架靠墙侧，其固定位置可以与桥架方向平行或垂直。

1.3.5　任务内容

某学校多媒体教室新增一套照明线路，要求配套安装金属桥架，将导线规范整理，请根据金属桥架的安装示意图（见图 1-23 与图 1-24），在 YL-156A 型电气安装与维修实训考核装置上安全规范地完成金属桥架的定位安装敷设。

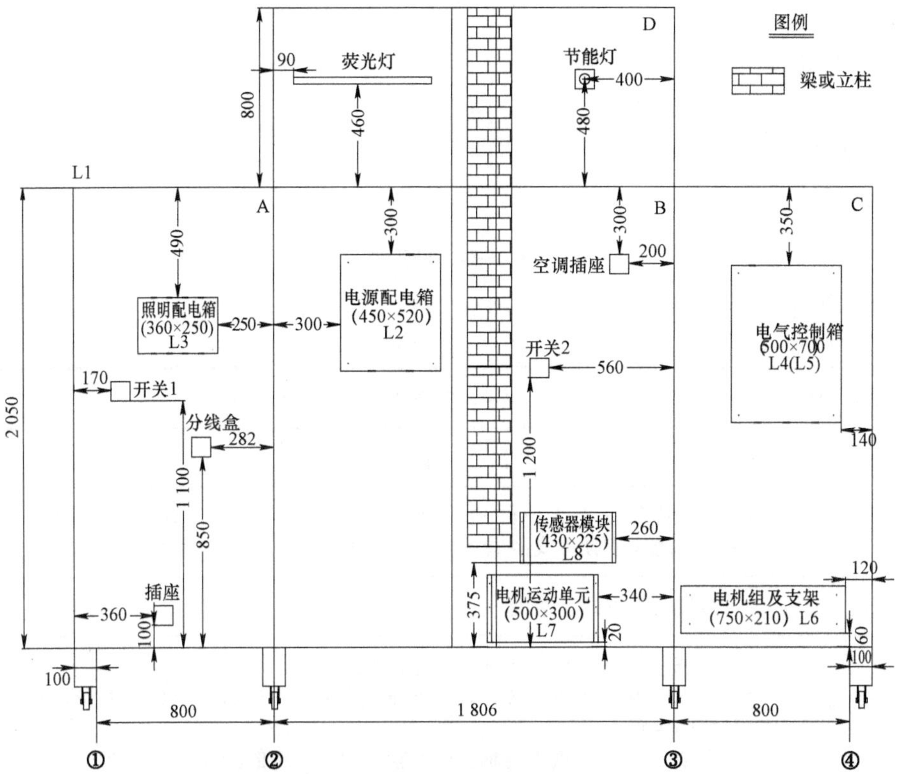

图 1-23　金属桥架安装平面示意图

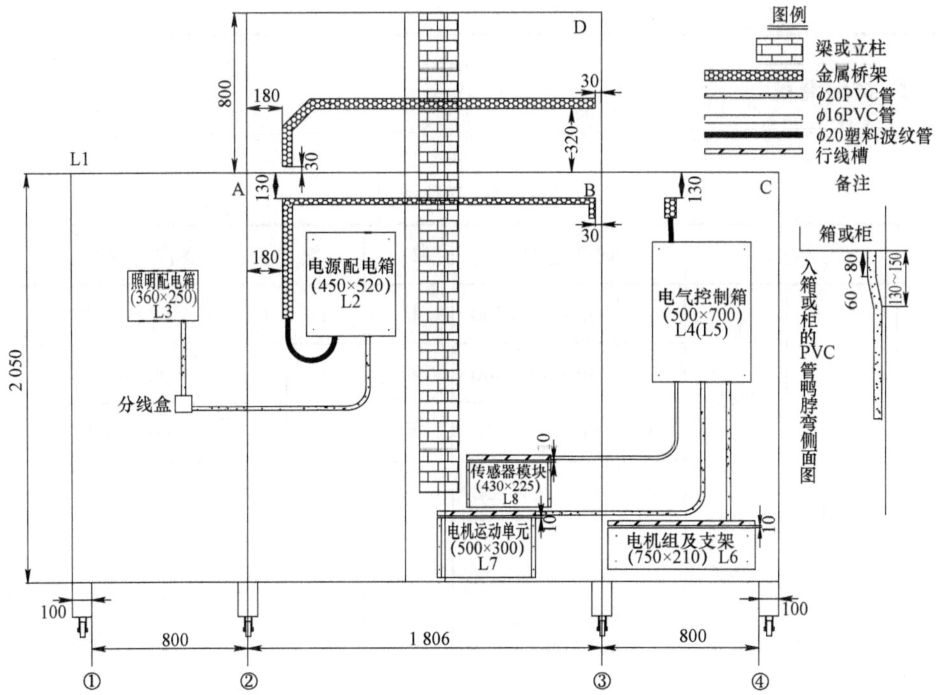

图 1-24　金属桥架安装图

1.3.6 任务实施

1. 施工单

施工单见表 1−14。

表 1−14 施工单

施工单号：
发单日期：

工程名称	××多媒体教室电气安装工程		
工位号		施工日期	
施工内容	按《电气设备和器件安装位置示意图》《照明布线示意图》《动力布线示意图》在墙面和顶棚安装电气设备与器件、线槽和相关附件		
施工技术资料	金属桥架安装示意图		
施工要求	1. 按《电气安全工作规程》进行施工； 2. 按《电气装置安装工程 低压电器施工及验收规范》要求安装电气元件和控制电路； 3. 按《建筑电气工程施工质量验收规范》中的验收标准安装电气线路		
备注	施工图更改记录		

2. 材料清单

材料清单见表 1−15。

表 1−15 材料清单

序号	名称		规格/型号		单位	数量	备注（说明）
1	金属桥架（带盖）	桥架	1	50×30×500	根	4	500 mm/根
			2	50×30×300	根	4	300 mm/根
			3	50×30×200	根	4	200 mm/根
			4	50×30×150	根	4	150 mm/根
		附件 1	水平 90° 弯 100×100×30		只	4	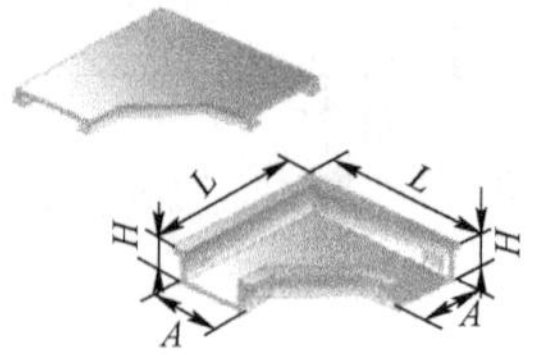

续表

序号	名称		规格/型号	单位	数量	备注（说明）
1	金属桥架（带盖）	附件2	水平45°弯 100×100×30	只	4	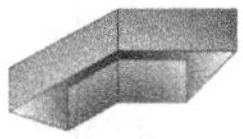
		附件3	水平三通 150×100×30	只	2	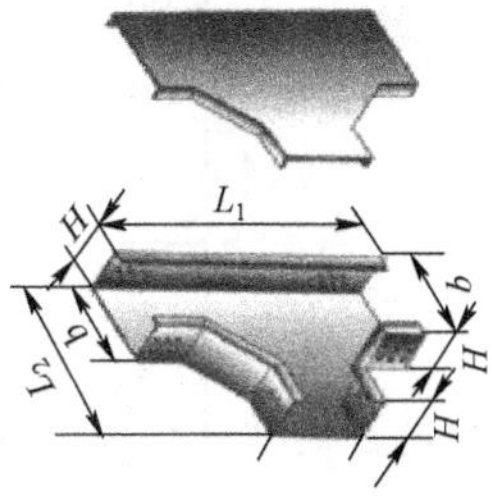
		附件4	桥架带孔封头（端面）孔径ϕ23	只	4	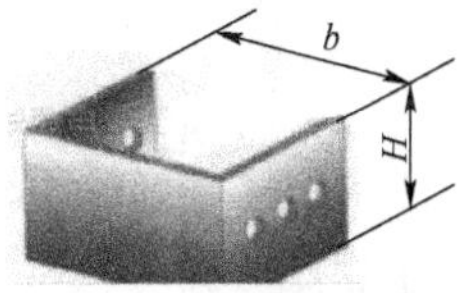
		附件5	水平四通 150×150×30	只	1	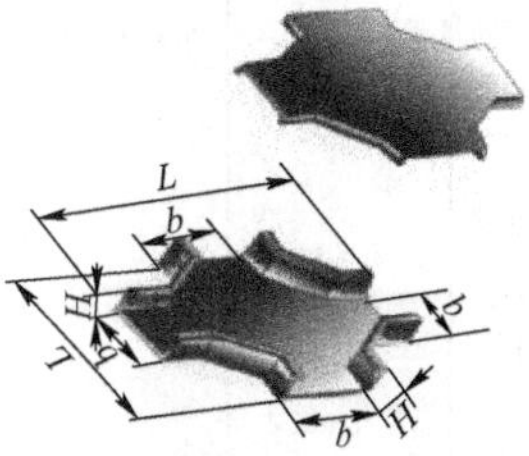
		附件6	垂直等径下弯通（阴角）100×100×30	只	2	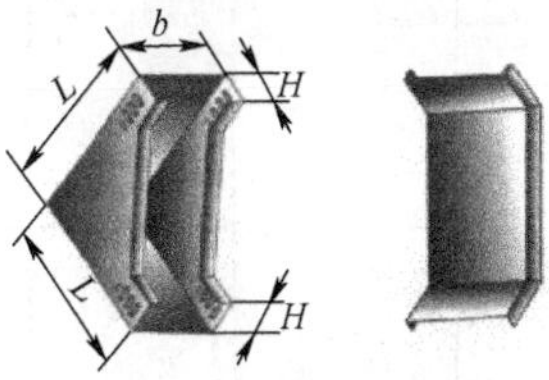
		附件7	垂直等径上弯通（阳角）100×100×30	只	2	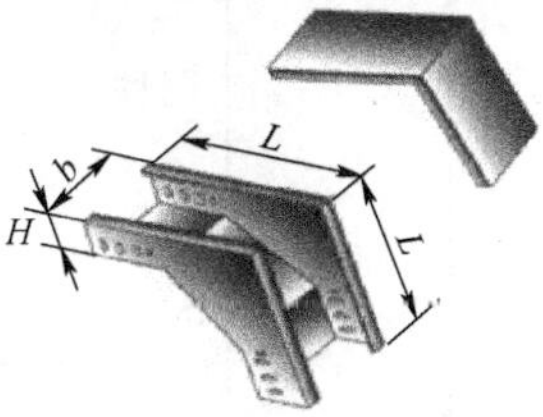
		附件8	线槽支架（托臂）1	只	5	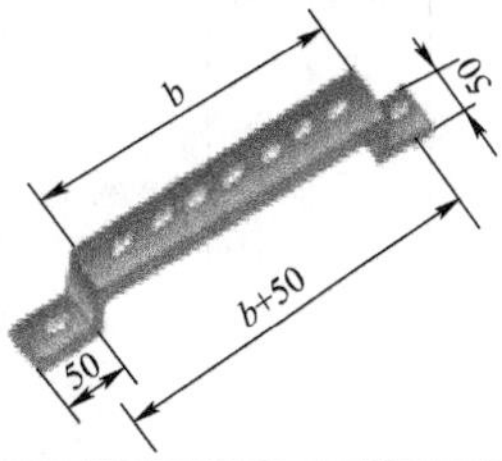

续表

序号	名称		规格/型号	单位	数量	备注（说明）
1	金属桥架（带盖）	附件 9	线槽支架（托臂）2	只	12	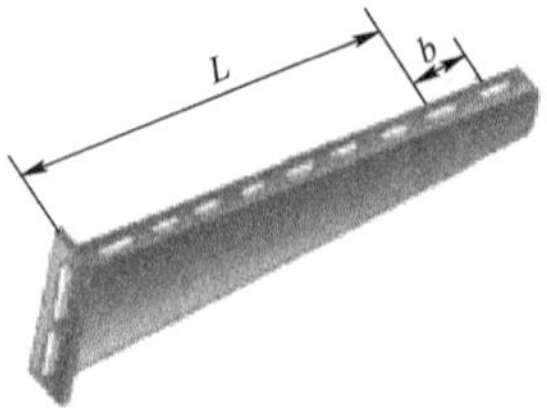
		附件 10	角钢立柱（桥架吊杆）100×260×20	只	8	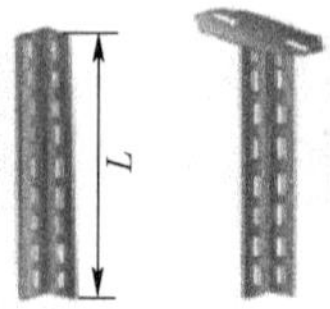
		附件 11	垂直等径右上弯通	只	2	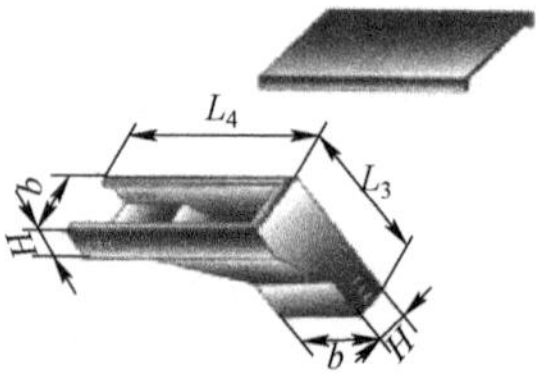
		附件 12	垂直等径左上弯通	只	2	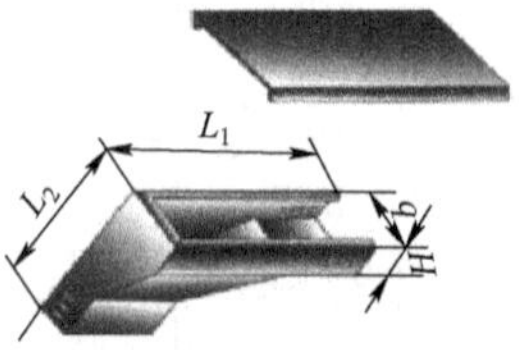
		附件 13	垂直等径右下弯通	只	1	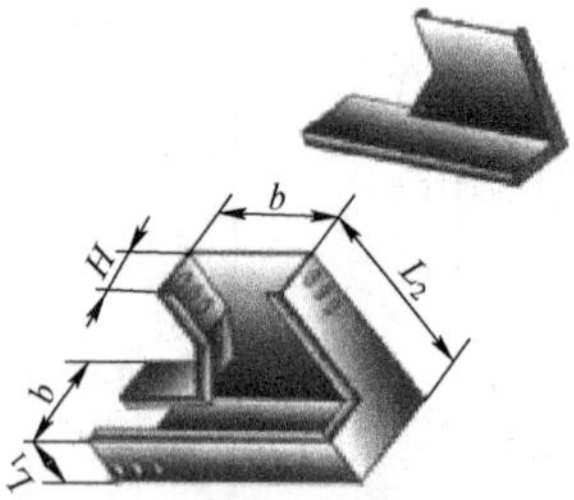
		附件 14	垂直等径左下弯通	只	1	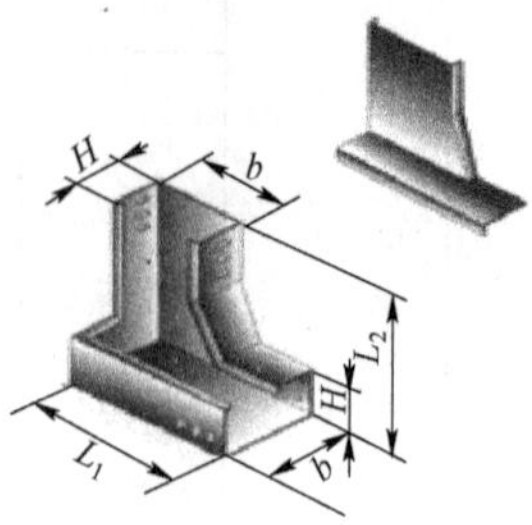

续表

序号	名称		规格/型号	单位	数量	备注（说明）
1	金属桥架（带盖）	附件 15	上边垂直等径三通	只	2	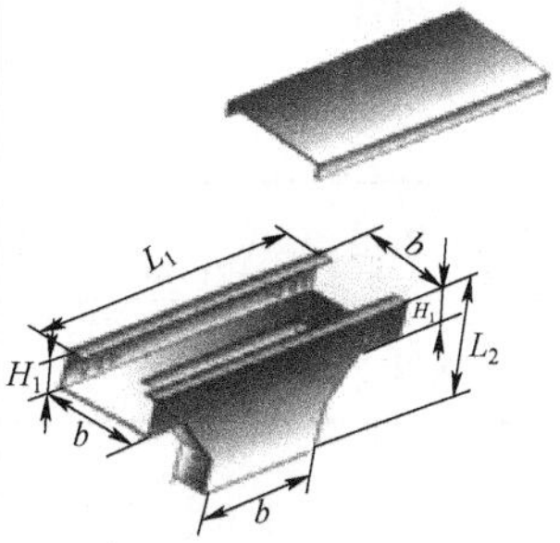
		附件 16	连接板 10×20×100	只	36	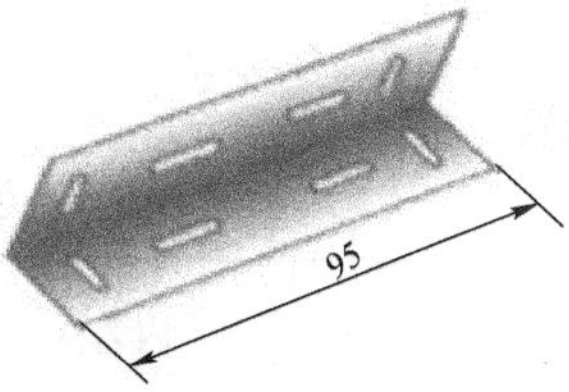
		附件 17	垂直等径变向弯通	只	3	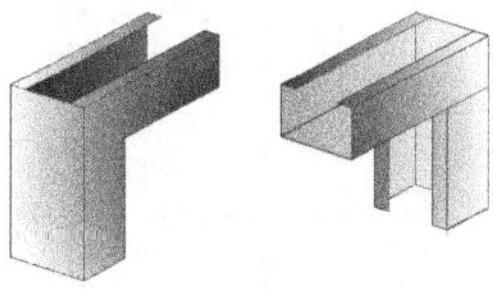
		附件 18	连接螺丝（专用）	套	150	M5×10， 带自锁螺帽 1 只
		附件 19	铜制接地螺丝（专用）	套	60	M5×15， 带螺帽 1 只、平垫 2 只
		附件 20	桥架盖板安装卡	只	100	

3. 工（量）具清单

电动螺丝刀（带阶梯钻头、锯片）、螺丝刀、卷尺。

4. 任务分工

任务分工见表 1–16。

表 1–16　任务分工表

任务名称	××多媒体教室电气安装工程
组号	
组长	
组员	
成员分工	

1.3.7　任务评价

金属桥架安装工作任务评价见表 1–17。

表 1–17　金属桥架安装工作任务评价表

项目	序号	内容	配分	评分标准	得分
金属桥架敷设工艺	1	金属桥架走向与布局	20	（1）不按图纸的位置布局，扣 5 分/处； （2）金属桥架安装位置与图纸尺寸相差±5 mm 及以上者，扣 2 分/处； （3）金属桥架不牢固、松动，扣 2 分/处	
	2	金属桥架固定	25	（1）吊架数量不足或安装位置错误，吊架歪斜、不牢靠，扣 2 分/处； （2）墙面固定支架数量不足或安装位置错误，扣 2 分/处	
	3	金属桥架工艺	30	（1）连接处缝隙超过 1 mm、不牢固或少用连接件或少安装螺钉或螺钉没有紧固，扣 2 分/处； （2）少一块盖板扣 2 分/处；盖板未盖到位扣 1 分/处； （3）接地线工艺欠美观、凌乱，扣 2 分/处； （4）缺少接地线扣 2 分/处； （5）用错金属桥架终端附件或未使用，扣 2 分/处	
	4	金属桥架进出线工艺	15	（1）金属桥架进出线未使用波纹管，扣 5 分/5 处； （2）金属桥架与波纹管连接处未用连接件或连接件选择不合适，扣 3 分/处	

续表

项目	序号	内容	配分	评分标准	得分
职业与安全意识	1	安全操作规程	5	符合要求得 5 分，基本符合要求得 3 分，一般得 1 分（有严重违规可以一项否决，如不听劝阻，可终止操作）	
	2	工具、耗材摆放、废料处理	3	根据情况符合要求得 3 分，有 2 处错误得 1 分，有 2 处以上错误得 0 分	
	3	工位整洁	2	根据情况，做到得 2 分，未做到得 0 分	
合计			100		

任务 1.4　配电线路的安装

1.4.1　思政目标

（1）通过分组合作、讨论交流等方式，培养学生的团队协作精神和沟通能力。让学生学会在团队中发挥自己的优势，与他人协作完成任务，同时能够倾听他人的意见，尊重他人的观点，形成良好的团队合作氛围。

（2）鼓励学生积极探索新技术和新方法。通过设计创新性的实验项目和实践任务，激发学生的创新思维和实践能力，培养学生的探索精神和求知欲。

（3）通过系统学习电源配电箱安装及注意事项，使学生掌握配电线路安装调试的核心技术，为未来从事相关工作奠定坚实的基础。

1.4.2　知识目标

（1）掌握配电箱的接线工艺。

（2）能够识读供配电系统图。

1.4.3　技能目标

（1）能够根据工作任务要求完成电源配电箱的安装。

（2）能够正确使用剥线钳、螺丝刀、多用表等电工工具及仪表，并按照施工要求，团队协作完成电源配电箱的安装与敷设。

1.4.4 知识链接

1. 供配电系统图的识读

供配电系统图是示意性地把整个工程的供电线路用单线连接形式准确、概括地描绘出来的电路图，它不表示相互的空间位置关系，表示的是各个回路的名称、用途、容量，以及主要电气设备、开关元件与导线规格、型号等参数。包括变配电工程的供配电系统图、照明工程的照明系统图、电缆电视系统图等。

供配电系统图的阅读方法如下。

（1）熟悉电气图形符号，弄清图形、文字符号所代表的内容，常用的电气图形及文字符号可参见国家标准。

（2）针对一套供配电系统图，一般应先按以下顺序阅读，然后再对某部分内容进行重点识读。

① 标题栏及图纸目录。了解工程名称、项目内容、设计日期及图纸内容、数量等。

② 看设计说明。了解工程概况、设计依据等，了解图纸中未能表述清楚的各有关事项。

③ 看设备材料表。了解工程中所使用的设备、材料的型号、规格和数量。

④ 看系统图。了解系统基本组成，主要电气设备、元件之间的连接关系及它们的规格、型号、参数等，掌握该系统的组成概况。

⑤ 看平面布置图。如照明平面图、防雷接地平面图等。了解电气设备的规格、型号、数量及线路的起始点、敷设部位、敷设方式和导线根数等。平面图的阅读可按照以下顺序进行：电源进线总配电箱、干线支线分配电箱、电气设备。

⑥ 看控制原理图。了解系统中电气设备的电气自动控制原理，以指导设备安装调试工作。

⑦ 看安装接线图。了解电气设备的布置与接线。

⑧ 看安装大样图。了解电气设备的具体安装方法、安装部件的具体尺寸等。

（3）协调配合阅读各图纸。对于具体工程来说，为说明配电关系时需要有配电系统图；为说明电气设备、器件的具体安装位置时需要有平面布置图；为说明设备工作原理时需要有控制原理图；为表示元件连接关系时需要有安装接线图；为说明设备、材料的特性、参数时需要有设备材料表等。这些图表各自的用途不同，但相互之间是有联系并协调一致的。在识读时应根据需要，将各图表结合起来识读，以达到对整个工程或具体项目全面了解的目的。

① 配电线路的标注。配电线路的标注用于表示线路的敷设方式、敷设部位与导线规格等，见表 1-18。

表 1-18　线路敷设方式、敷设部位及安装方式代号

类别	序号	名称	符号	类别	序号	名称	符号
常用线路敷设方式的标注	01	沿钢线槽敷设	SR	导线敷设方式的标注	01	直埋	DB
	02	沿柱或跨柱敷设	CLE		02	暗敷设在梁内	BC
	03	沿天棚面或顶棚面敷设	CE		03	暗敷设在墙内	WC
	04	暗敷设在梁内	BC		04	暗敷设在天棚顶	CC
	05	暗敷设在墙内	WC		05	板及地坪下沿屋架、梁	F
	06	暗敷设在不能进入的顶棚内	ACC		06	电缆沟	BE
	07	吊顶内敷设，要穿金属管	SCE		07	暗敷设在柱内	TC
	08	沿屋架或跨屋架敷设	BE		08	沿天棚顶敷设	CLC
	09	沿墙面敷设	WE		09	吊顶内敷设	CE
	10	在能进入人的吊顶内敷设	ACE		10	沿钢索	SCE
	11	暗敷设在柱内	CLC		11	沿墙明敷	SR
	12	暗敷设在顶棚内	CC		12	链吊	WE
	13	暗敷设在地面内	FC	灯具安装方式的标注	01	墙壁安装	CS
导线穿管方式的标注	01	焊接钢管	SC		02	嵌入	W
	02	塑料硬管	PC-PVC		03	柱上	R
	03	桥架	CT		04	管吊	CL
	04	钢索	M		05	吸顶	DS
	05	PVC 线槽	PR		06	支架	C
	06	电线管	MT		07	板及地坪下沿屋架、梁	S
	07	阻燃塑料硬管	FPC				
	08	金属线槽	MR				
	09	金属软管	CP				
	10	镀锌钢管	RC				

配电线路在图上的文字标注的一般格式为：

$$a-b(c\times d)e-f$$

其中，a 为线路编号或用途；b 为导线型号；c 为导线根数；d 为导线截面积；e 为导线的敷设方式；f 为线路敷设部位。

例如，BV（4×50+1×25）SC50−BC 表示线路是铜芯塑料绝缘导线，其中 4 根导线截面积为 50 mm^2，1 根导线截面积为 25 mm^2，穿过管径为 50 mm 的焊接钢管暗敷在梁内。

常用绝缘导线见表 1−19。

表 1−19　常用绝缘导线

型号	名称	主要用途	备注
BX	铜芯橡皮线	固定敷设用	B—布线用 X—橡皮绝缘 V—塑料绝缘 L—铝芯（铜芯不表示） R—软导线
BLX	铝芯橡皮线		
BXR	铜芯橡皮软线		
BV	铜芯塑料线		
BLV	铝芯塑料线		
BVR	铜芯塑料软线		
BVV	铜芯塑料护套线		
BLVV	铝芯塑料护套线		
BXF	铜芯氯丁橡皮线		
RVS	铜芯塑料绞型软线		
RCB	铜芯塑料平型软线		

② 干线系统图识读。干线系统图表示的是电源配电箱（柜）与各电气箱（柜）之间的电源分配关系，如图 1−25 所示。

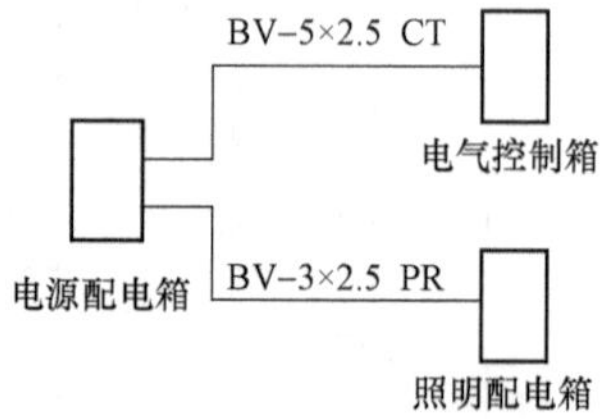

图 1−25　干线系统图

BV−5×2.5CT 表示电源配电箱与电气控制箱之间的连接线路用 5 根截面积为 2.5 mm^2（3 根相线、1 根中性线、1 根地线）的铜芯塑料绝缘导线，通过金属桥架连接。金属桥架的规格和安装方式可通过桥架安装示意图明确，此处未标注。

BV−3×2.5PR 表示电源配电箱与照明配电箱之间的连接线路用 3 根截面积为 2.5 mm^2（1 根相线、1 根中性线、1 根地线）的铜芯塑料绝缘导线，通过 PVC 线槽连接。PVC 线槽的规格、安装方式可通过照明安装示意图明确，此处未标注。

③ 电源配电箱系统图识读。电源配电箱系统图表示电源配电箱内部各器件的连

接关系，如图 1–26 所示。

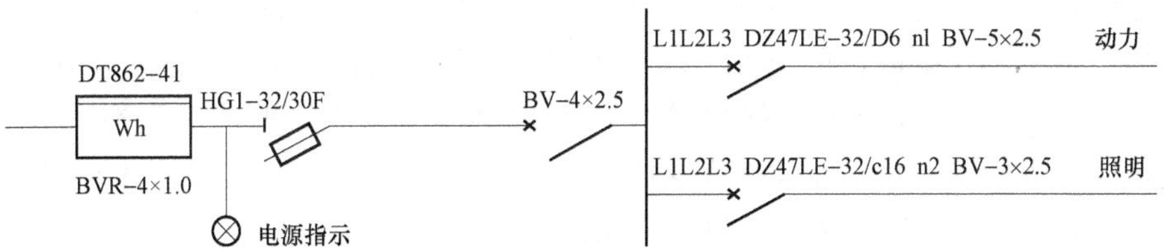

图 1–26 电源配电箱系统图

电源配电箱系统图对内部各部分器件进行了标注，安装时按照标注选择器件进行安装即可。图 1–26 中对各部分线路用线也进行了规定。

2. 配电箱及其安装

1）配电箱

配电箱是连接电源和用电设备（接收与分配电能）的电气装置。配电箱内可装设总开关、分开关、计量仪器、短路保护元件（如熔断器）和漏电保护装置等。

配电箱通常由盘面和箱体组成，盘面的制作和安装要以整齐、美观、安全及便于检修为原则。在制作非标准配电箱时，应先确定盘面的尺寸，再根据盘面的尺寸决定箱体的尺寸。

配电箱分为电源配电箱和照明配电箱两种。根据安装要求可分为明装式（悬挂式）和暗装式（嵌入式），或半明半暗装式。配电箱箱体一般用铁皮制成，也有用塑料或木料制作的。在本任务中只完成电源配电箱的安装。

电源配电箱一般用钢板弯制焊接而成，内置刀开关、熔断器、自动空气开关空气等元件，用于频率 50 Hz、电压 500 V 以下的交流三相三线及三相四线电力系统，对所控制电路起过载和短路保护作用，主要供工厂企业的电力、照明配电，图 1–27 为电源配电箱外形。

图 1–27 电源配电箱外形

2）配电箱的基本布局

配电箱基本布局是“上进下出”。电源进线从配电盘的上部接入，电源出线从配电盘的下部引出。配电盘的上部一般布置隔离开关、仪表、熔断器，电源线接入隔离开关的电源侧，中间部分一般布置总负荷开关或者断路器（也有分别控制的，如2个分路、3 个分路等），目前以断路器居多。配电盘以二级控制居多，其下部一般布置各支路断路器。断路器等的控制方式根据实际需求选择。

3）明装配电箱的安装

（1）确定安装位置。用电器位置确定后，用方尺找正，画出水平和垂直线，定出每种电器的安装位置。如果电器是用导轨固定的，则要先定出导轨的安装位置。

（2）固定元件。完成定位后，就可对电器元件进行固定，要求位置准确、固定牢固。盘上开关应垂直安装，总开关一般应装在盘面板的右侧，电能表应安装牢固、垂直，不可出现纵向或横向的倾斜，否则会影响计量的准确性（当计算负荷电流在 30 A 及以上时，应装精度为0.5级的电流互感器），如图1–28所示。

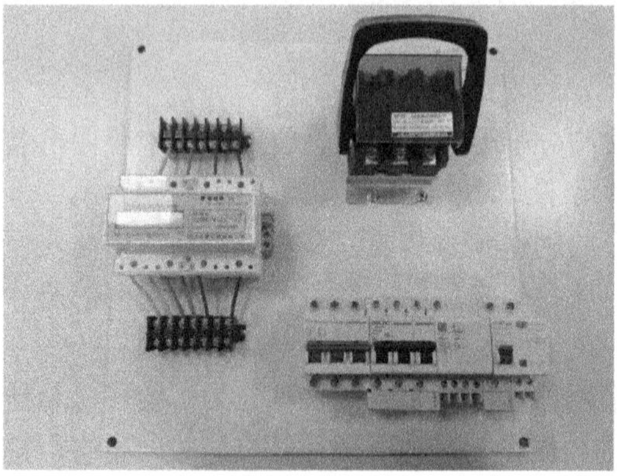

图1–28　固定元件

（3）标志与编号。盘面上电器控制回路的下方，要设好标志牌，标明所控制的回路名称、编号。住宅楼配电箱内安装的开关及电能表应与用户位置对应，若在无法对应的情况下，也要设好编号。

（4）盘内配线。

① 盘内配线应在盘面上安装电器元件后进行，配线时应根据电器元件规格、容量和所在位置及设计要求及有关规定，估算好导线截面和长度，剪断后进行配线。不论是盘前或盘后配线，都应做到排列整齐、美观、安全可靠，以便于检修，必要时采用线卡固定。图1–29为盘内配线示意图。

② 电器间的连接线原则上不能有接头，导线与电器元件的螺钉压接必须牢固，压线方向应正确，所有二次线必须排列整齐，导线两端应穿有带明显标记和编号的标号头。电源线的颜色按相序依次为黄、绿、红色，保护接地线为黄绿相间，工作零线为蓝色。

③ 引入与引出线应有适当余量，以便检修，电源与负荷导线引入盘面时应理顺整齐，盘上的配线应沿箱体的周边成把（成束），中间不能有接头，多回路间的导线不能有交叉错乱现象。

（5）导线与盘面电器的连接。

① 将整理好的导线与电器元件的端子连接，同一端子上的连接导线不应超过两根。螺钉固定应有平垫圈、弹簧垫圈。工作零线和保护接地线应在汇流排上采用螺栓连接，不能并头绞接，汇流排上分支回路排列的位置应与开关或熔断器位置对应。

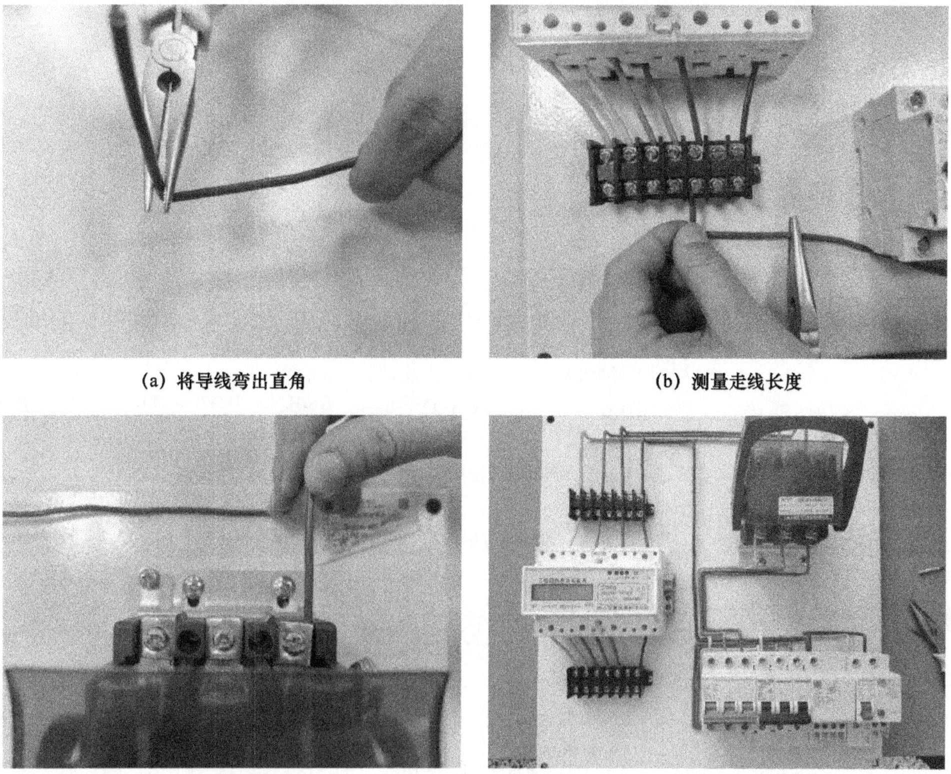

(a) 将导线弯出直角　(b) 测量走线长度

(c) 固定导线　(d) 导线安装效果图

图 1–29　盘内配线

② 凡多股铝导线和横截面积超过 2.5 mm^2 的多股铜芯导线，在与电器端子连接时，应焊接或压接端子后再连接，严禁弯成接线圈连接。

③ 开关、互感器等应上端接电源，下端接负荷或左侧接电源，右侧接负荷。相序应一致，面对开关从左侧起分别为 L1、L2、L3 或 L1（L2、L3）、N。开关及其他元件的导线连接处，既要牢固压紧，又不得损伤芯线。

④ 要根据额定电流适当选择熔断器。在安装熔断器时，要求上端接电源，下端接负荷；横装时应左侧接电源，右侧接负荷。螺旋式熔断器电源线应接在底座中间触点的连接端子上，负荷线接在螺纹的连接端子上。

电能表在接线时，单相电能表的电流线圈必须与相线连接，三相电能表的电压线圈不准装断路器。

⑤ 漏电断路器在接线时，应注意其上的标志，相线与中性线不能接错。

（6）配电箱的保护接地。按《电气装置安装工程　接地装置施工及验收规范》(GB 50169—2016）的有关规定，要将电器的金属外壳、金属框架进行接地（或接零）。箱体的接地排应有效与接地干线连接。

配电箱安装验收项目如下。

① 配电箱的垂直偏差、距地面高度。

② 配电箱的器件安装、回路标志与线端编号。

③ 线路安装。

④ 箱内配线规范。

⑤ 配电箱的接地或接零。

1.4.5 任务内容

某多媒体教室需要对明装电源配电箱进行安装，现按照施工要求，在 YL-156A 型电气安装与维修实训考核装置上进行电源配电箱的安装固定，如图 1-30 与图 1-31 所示。

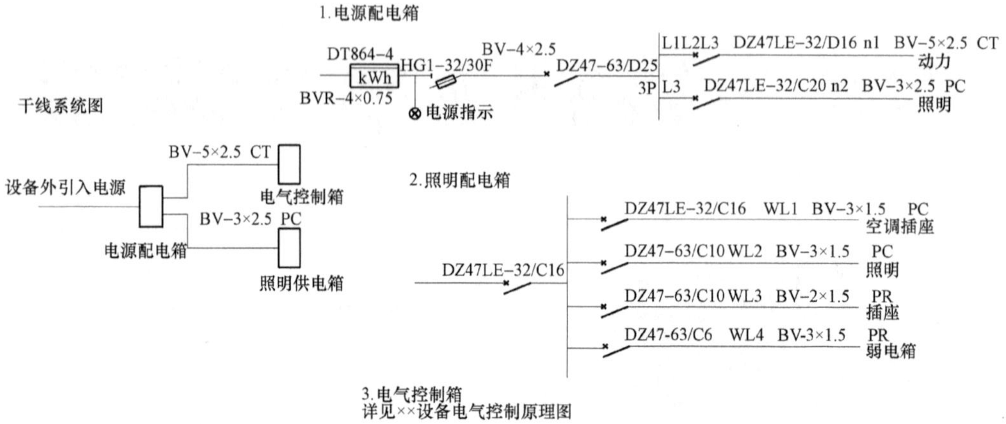

图 1-30 供配电系统图

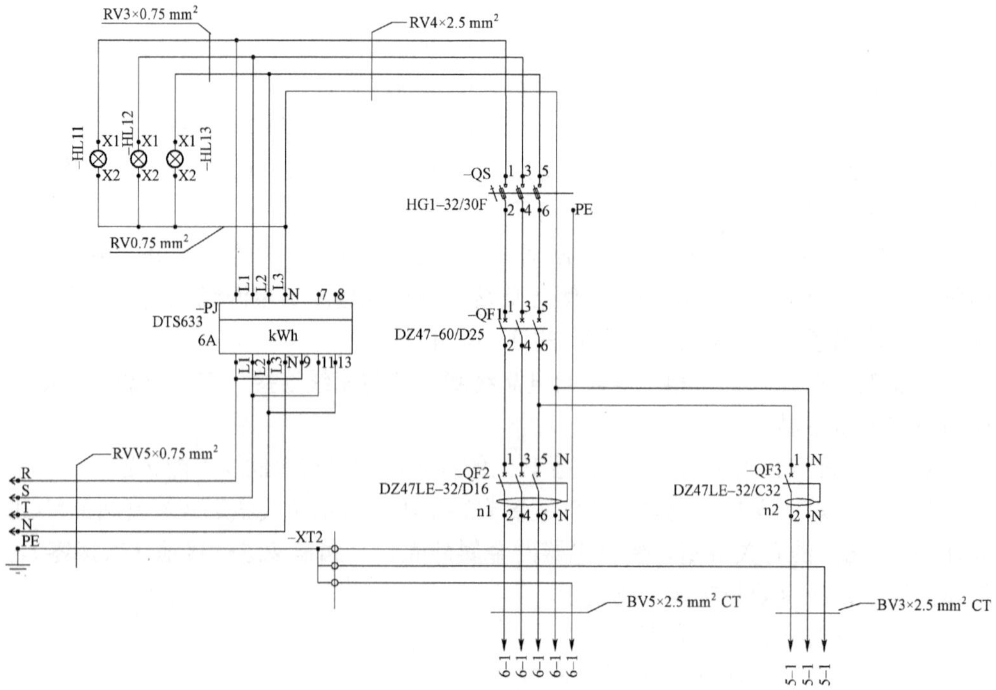

图 1-31 供配电接线原理图

1.4.6　任务实施

1. 施工单

施工单见表 1-20。

表 1-20　施工单

施工单号：

发单日期：

<table>
<tr><td>工程名称</td><td colspan="3">××多媒体教室电气安装工程</td></tr>
<tr><td>工程号</td><td></td><td>施工日期</td><td></td></tr>
<tr><td>施工内容</td><td colspan="3">按供配电系统图在电源配电箱内完成配线及其安装</td></tr>
<tr><td>施工技术资料</td><td colspan="3">供配电系统图</td></tr>
<tr><td>施工要求</td><td colspan="3">1. 按《电气装置安装工程　低压电器施工及验收规范》（GB 50254—2014）进行施工；
2. 按《建筑电气工程施工质量验收规范》（GB 50303—2015）中的验收标准安装配电线路；
3. 安全文明施工，注意施工场地整洁</td></tr>
<tr><td>备注</td><td colspan="3">施工图更改记录：</td></tr>
</table>

2. 材料清单

材料清单见表 1-21。

表 1-21　材料清单

序号	名称	规格/型号	单位	数量	备注（说明）
1	三相电子式有功电度表	DTS633	只	1	
2	熔断器式隔离器	HG1-32/30F	套	1	3 极，32 A（含熔体 20 A）
3	漏电保护器	DZ47LE-32/D10	只	1	3P+N
		DZ47LE-32/D16	只	1	3P+N
		DZ47LE-32/C32	只	1	1P+N
4	断路器	DZ47-60/D20	只	1	3P
		DZ47-60/D25	只	1	3P
5	导轨	C45	条	1	长度：210 mm
6	指示灯	AD58B-22D　220 V	只	3	红、绿、黄各 1 只
7	接线端子排	TBC-20	条	1	7 节/条
8	配电箱箱体	450 mm×220 mm×520 mm	只	1	含接地排、接零排

3. 工（量）具清单

电动螺丝刀（带阶梯钻头、锯片）、螺丝刀、卷尺。

4. 任务分工

任务分工见表 1–22。

表 1–22 任务分工表

任务名称	××多媒体教室电气安装工程
组号	
组长	
组员	
成员分工	

1.4.7 任务评价

任务评价见表 1–23。

表 1–23 电源配电线路安装工作任务评价表

项目	序号	内容	配分	评分标准	得分
电源配电箱安装工艺	1	箱内器件选用和安装	15	选用器件错误或器件位置安装错误，扣 4 分/处	
	2	箱内线路的连接	45	（1）按供配电系统图的要求，少接或错接线，扣 4 分/根； （2）所接 BV 线不横平竖直、有交叉线、外露铜丝过长、有跨接线或压皮或绝缘受损等，扣 3 分/处； （3）指示灯接线没接，或接线不捆扎，或捆扎不牢固，扣 4 分/处	
	3	配电箱与外部的线路连接	30	（1）进出线连接不整齐，或留余量不足，扣 2 分/处 （2）没有编号或编号不正确，扣 1 分/处	
职业与安全意识	1	安全操作规程	5	符合要求得 5 分，基本符合要求得 3 分，一般得 1 分（有严重违规可以一项否决，如不听劝阻，可终止操作）	
	2	工具、耗材摆放、废料处理	3	根据情况符合要求得 3 分，有 2 处错误得 2 分，有 2 处以上错误得 0 分	
	3	工位整洁	2	根据情况，做到得 2 分，未做到得 0 分	
合计			100		

项目 2
照明装置的安装

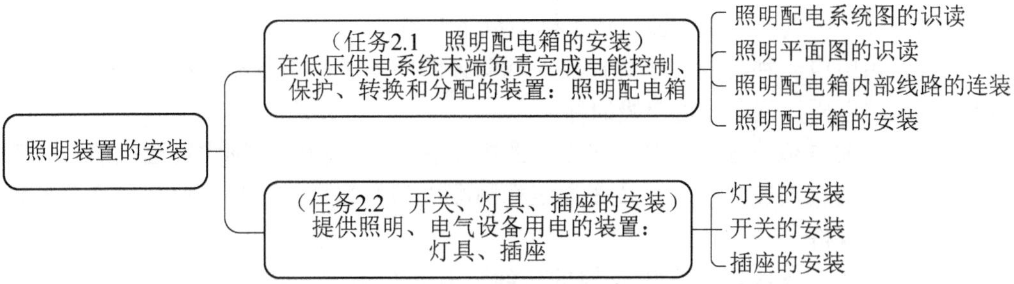

任务 2.1　照明配电箱的安装

2.1.1　思政目标

（1）鼓励学生在拆装过程中积极探索、勇于创新。通过引导学生思考如何改进方法、提高效率等问题，激发学生的创新思维和实践能力。

（2）引导学生明确职业责任，树立正确的职业观念，以严谨的态度和扎实的技能服务于未来的工作岗位。

（3）通过实践操作和案例分析，培养学生的安全意识和规范操作的习惯，确保在实际工作中能够遵守安全规定，防止事故的发生。

2.1.2　知识目标

（1）掌握照明配电系统图和照明平面图的阅读方法。

（2）能够识读照明配电系统图。

（3）能够识读照明平面图。

2.1.3 技能目标

（1）能够根据照明配电系统图和照明平面图完成照明配电箱线路的连接。

（2）熟悉相关施工工艺及验收规范。

（3）能够按照施工要求，团队协作完成照明配电箱的安装。

2.1.4 知识链接

1. 电气照明系统图的识读

电气照明系统图用来标明照明工程的供电系统、配电线路的规格，采用的管径、敷设方式及部位，线路的分布情况，计算负荷和计算电流，配电箱的型号及主要设备的规格等。电气照明系统图具体可标明以下几点。

（1）供电电源种类及进户线标注。标明该照明工程是由单相供电还是由三相供电，电源的电压、频率及进户线的标注。

（2）总配电箱、分配电箱。在系统图中用虚线、点画线、细实线围成的长方形线框便是配电箱的展开图。系统图中应标明配电箱的编号、型号，控制计量保护设备的型号及规格。

（3）干线、支线。表示出干线的接线方式是放射式、树干式还是混合式，以便作为施工时干线的接线依据；表示出干线、支线的导线型号、截面、穿管管径、管材、敷设部位及敷设方式，用导线标注格式来表示。线路的标注格式为 a–b–（c×d）–e–f。其中，a 为线路编号或用途；b 为导线型号；c 为导线根数；d 为导线截面面积（mm^2）；e 为导线敷设方式或穿管方式；f 为导线敷设部位。

（4）相别划分。当三相电源向单相用电回路分配电能时，应在单相用电各回路导线旁标明相别 L1、L2 等，避免施工时错接。

（5）照明供电系统的计算数据。照明供电系统的计算功率、计算电流、需要系数、功率因数等计算值标注在系统图上的明显位置。

2. 电气照明平面图的识读

电气照明平面图是按国家规定的图例和符号，画出进户点、配电线路及室内的灯具、开关、插座等电气设备的平面位置与安装要求。照明线路都采用单线画法。

灯具数量、型号，灯具中的光源数量和容量、悬挂高度和安装方式是在灯具的图形符号旁用文字符号标注，其标注形式为：a–bc×def。其中，a 为同类灯具的个数；b 为灯具种类；c 为灯具内安装灯的数量；d 为每个灯的功率（单位为 W）；e 为灯的安装高度（单位为 m）；f 为安装方式。表 2–1 为导线敷设方式与部位的文字符号。

表 2–1　导线敷设方式与部位的文字符号

导线敷设方式与部位	文字符号	导线敷设方式与部位	文字符号
用瓷瓶或瓷柱敷设	K	沿钢索敷设	M
用 PVC 线槽敷设	PR	沿屋架或跨屋架敷设	AB
用金属线槽敷设	MR	沿墙面敷设	WS
穿水煤气管敷设	RC	沿顶棚面或顶板敷设	CE
穿焊接钢管敷设	SC	暗敷设在梁内	BC
穿电线管敷设	MT	暗敷设在柱内	CLC
用电缆桥架敷设	CT	暗敷设在墙内	WC
用瓷瓶敷设	PL	暗敷设在地面内	FC
用塑料夹敷设	PCL	暗敷设在顶板内	CC

3. 电气照明系统图和照明平面图的阅读方法

（1）熟悉电气符号，弄清各符号所代表的内容。

（2）识读照明系统图，了解系统基本组成，主要电气设备、元件之间的连接关系及它们的规格、型号、参数等，掌握该系统组成概况等。

（3）识读照明平面图，了解电气设备的规格、型号、数量及线路的起始点、敷设部位、敷设方式和导线根数等。

（4）在识图时，应抓住要点进行识读，一是明确各配电回路的路径、管线敷设部位、敷设方式及导线的型号和根数；二是明确电气设备、器件的平面安装位置。

（5）识读时，施工图中各图纸应协调配合阅读。对于具体工程来说，为说明整个电气设备与器件的具体安装位置，需要有电气设备和器件安装位置示意图；为说明配电关系，需要有供配电系统图；为说明电气设备、器件的具体安装位置，需要有平面布置图；还有说明插座具体安装位置的插座平面图等，这些图纸各自的用途不同，但相互之间是有联系并协调一致的。在识读时应根据需要，将各图纸结合起来识读，以达到对整个工程或具体项目进行全面了解的目的，读完图后头脑中要有一个全面的、完整的照明接线图（见图 2–1）。

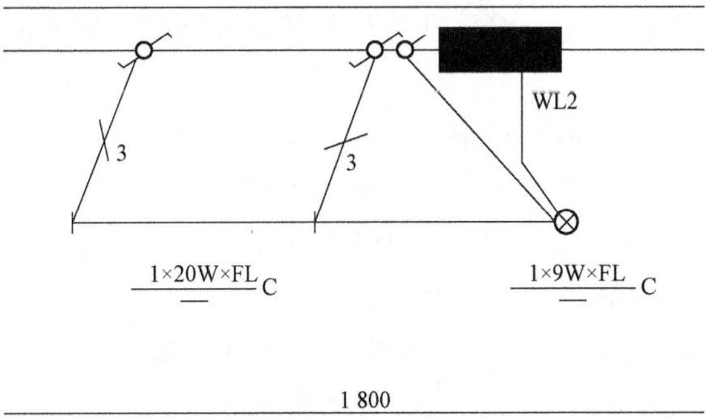

图 2–1　照明接线图

4. 电气照明装置安装的有关规定

（1）配电箱的箱体必须接地。按《电气装置安装工程　接地装置施工及验收规范》（GB 50169—2016）的有关规定，要将电器的金属外壳、框架进行接地（或接零）。箱体的接地线排应有效地与接地干线连接。

（2）每一个家庭应安装一个总漏电保护开关作为漏电保护；各支路装断路器作为过载和短路保护。

（3）每一台空调分为一路，相线、中性线和地线要单独敷设，导线截面积不小于 2.5 mm^2，用断路器作为过载和短路保护控制。

（4）同一个家庭区的照明为一路，卫生间和厨房的插座各为一路，其他房间的插座为一路；导线截面积应能满足负荷要求，照明线截面积不小于 1.5 mm^2，插座线截面积不小于 2.5 mm^2；各路均用断路器作为过载和短路保护控制。

（5）断路器的一些常识：按电流从小到大分为 10 A、16 A、20 A、25 A、32 A、40 A、63 A 共 7 个等级；10 A 适用于照明线路，16 A 适用于插座线路，25 A 适用于 2 匹左右空调或大功率电器［匹（HP）是空调机组压缩机的输入电功率，1 匹空调的电功率数据大约是 735.5 W］，32 A 以上适用于柜式空调或更大功率电器。

5. 电气照明装置的验收规范

1）照明配电箱安装的验收规范

（1）动力和照明工程的漏电保护装置应做模拟动作试验用，以检验其可靠性。

（2）接地（PE）或接零（PEN）支线必须单独与接地或接零干线相连接，不得串联连接。

（3）照明配电箱（盘）安装应符合下列规定。

① 照明配电箱（盘）内配线整齐，无绞接现象。导线连接紧密，不伤芯线，不断股。垫圈下螺钉两侧压的导线截面积相同，同一端子上导线连接不多于 2 根，防松垫圈等零件齐全并压接牢固。

② 照明配电箱（盘）内开关动作灵活可靠，带有漏电保护的回路，漏电保护装置动作电流要求不大于 30 mA，动作时间不大于 0.1 s。

③ 照明配电箱（盘）内，分别设置中性线（N）和保护地线（PE 线）汇流排，中性线（N）和保护地线经汇流排配出。

④ 位置正确，部件齐全，箱体开孔与套管管径适配，暗装时箱盖紧贴墙面，涂层完整光洁。

⑤ 照明配电箱（盘）内接线整齐，回路编号齐全，标识正确。

⑥ 照明配电箱（盘）不得采用可燃材料制作。

⑦ 照明配电箱（盘）安装牢固，垂直度允许偏差为 1.5%；底边距地面不小于 1.5 m，照明配电板底边距地面不小于 1.8 m。

（4）漏电保护装置，也称残余（元余）电流保护装置，是当用电设备发生漏电时，为避免电击伤害人或动物而迅速切断电源的保护装置，故在安装前或安装后要做模拟动作试验，以保证其灵敏度和可靠性。

（5）每个接线端子上的导线连接不超过 2 根，是为了连接紧密，不会由于通电后因冷热交替等因素而过早在检修期内发生松动，同时也考虑到方便检修，不致因检修而扩大停电范围。同一垫圈下的螺钉两侧压的导线线径均应一致，如不一致，势必导致导线受力不均，对导电不利。

目前，在建筑电气工程尤其是在照明工程中，TN-S 系统即三相五线制应用普遍，要求 PE 线和 N 线截然分开，在照明配电箱内要分设 PE 排和 N 排。不仅在施工时要严格区分，而且今后维修时也要注意不能因误接而失去应有的保护作用。

因照明配电箱额定容量有大小，小容量的出线回路少，仅 2～3 个回路，可以用数个接线柱（如绝缘的多孔瓷或胶木接头）分别组合成 PE 和 N 接线排，但绝不允许两者混合连接。

2）电器的外部接线规范

（1）接线应按接线端头标志进行。

（2）接线应排列整齐、清晰、美观，导线绝缘应良好无损伤。固定触头接线端。

（3）电源侧进线应接在进线端，负荷侧出线应接在出线端，即可动触头接线端。

（4）电器的接线应采用铜质或有电镀金属防锈层的螺栓和螺钉，连接时应拧紧，且应有防松装置。

（5）外部接线不得使电器内部受到额外应力。

（6）当母线与电器连接时，接触面应符合《电气装置安装工程　低压电器施工及验收规范》（GB 50254—2014）的有关规定。成排或集中安装的低压电器应排列整齐；器件间的距离，应符合设计要求，并应便于操作及维护。

（7）电器的金属外壳、框架的接零或接地，应符合《电气装置安装工程　低压电器施工及验收规范》（GB 50254—2014）的有关规定。

3）照明配电箱安装验收项目

（1）照明配电箱（板）内的交流、直流或不同电压等级的电源，应具有明显的标志。

（2）照明配电箱（板）不应采用可燃材料制作；在干燥无尘的场所，采用的木制配电箱（板）应经阻燃处理。

（3）当导线引出面板时，面板线孔应光滑无毛刺，金属面板应装设绝缘保护套。

（4）照明配电箱（板）应安装牢固，其垂直偏差应不大于 3 mm；暗装时，照明配电箱（板）四周应无空隙，其面板四周边缘应紧贴墙面，箱体与建（构）筑物接触部分应涂防腐漆。

（5）照明配电箱底边距地面高度宜为 1.5 m；照明配电板底边距地面高度不宜小于 1.8 m。

（6）照明配电箱（板）内，应分别设置零线和保护地线（PE 线）汇流排，零线和保护地线应在汇流排上连接，不得绞接，并应有编号。

（7）照明配电箱（板）内装设的螺旋熔断器，其电源线应接在中间触点的端子上，负荷线应接在螺纹的端子上。

（8）照明配电箱（板）上应标明用电回路名称。

4）低压断路器的安装

（1）安装前，要检查断路器上标注的型号同图纸上标注的型号是否相同，注意型号中的组节，有 LE 或 1P+N 为漏电开关，没有 LE 或有 1P 为断路器。扳动手柄，人工进行通、断多次，检查动作是否灵活，接触是否良好。

（2）在无明确规定时，低压断路器应垂直安装，其倾斜度不得大于 5%；分断时手柄在下方（电路断开），合闸时手柄在上方（电路接通）。

（3）接线时，电源接断路器的输入端，负荷接断路器的输出端，断路器标有“N”的接线端子接中性线。

（4）对于带漏电保护的断路器，安装完毕后，应通过实验按钮检查其动作是否正常，以确保漏电保护的分断能力。

（5）在检查带漏电保护的断路器时，不得用兆欧表在断路器的负荷侧测量绝缘电阻，防止兆欧表的高压击穿漏电保护器。线路全部接好后，用多用表检查，最后用兆欧表测电源供电箱输出侧到照明配电箱的电气控制箱的电源回路的绝缘电阻，如果电源供电箱输出侧有经过漏电开关的，要把漏电开关输出端的接线全部拆开来再测，否则会损坏漏电保护开关。

5）统一接线位置，确保用电安全

由于三相五线制在建筑电气工程中较普遍地得到推广应用，因此，中性线和保护地线不能混同，除在变压器中性点可互连外，其余各处均不能相互连通。在插座的接线位置处要严格区分，否则有可能导致线路工作不正常或危及人身安全。

图 2-2 为准备施工的配盘。

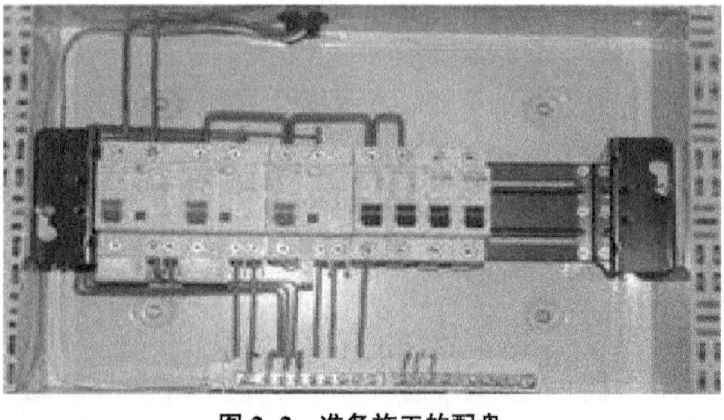

图 2-2 准备施工的配盘

2.1.5 任务内容

某多媒体教室需要对照明配电线路进行敷设，现按照施工要求，在 YL-156A 型电气安装与维修实训考核装置上进行照明配电箱的安装固定，如图 2-3 所示。

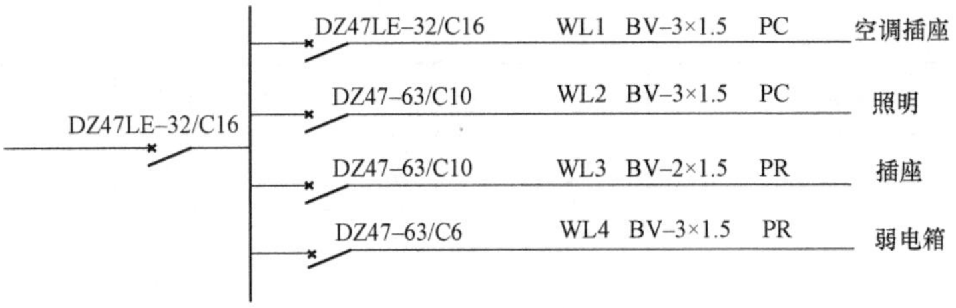

图 2-3　照明配电系统图

2.1.6　任务实施

1. 施工单

施工单见表 2-2。

表 2-2　施工单

施工单号：

发单日期：

工程名称	××多媒体教室电气安装工程		
工位号		施工日期	
施工内容	按《电气设备和器件安装位置示意图》《照明布线示意图》《动力布线示意图》在墙面和顶棚安装电气设备与器件、线槽和相关附件		
施工技术资料	安装示意图		
施工要求	1. 按《电气安全工作规程》进行施工； 2. 按《电气装置安装工程　低压电器施工及验收规范》要求安装电气元件和控制电路； 3. 按《建筑电气工程施工质量验收规范》中的验收标准安装电气线路		
备注	施工图更改记录：		

2. 材料清单

材料清单见表 2-3。

表 2-3　材料清单表

序号	名称	规格/型号	单位	数量	备注（说明）
1	漏电保护器	DZ47LE-32/C25	只	1	1P+N
		DZ47LE-32/C16	只	1	1P+N
		DZ47LE-32/C10	只	2	1P+N

续表

序号	名称	规格/型号	单位	数量	备注（说明）
2	断路器	DZ47−60/C32	只	1	2P
		DZ47−60/C10	只	1	1P
		DZ47−60/C6	只	1	1P
3	配电箱箱体	PZ30−15	只	1	含接地排、接零排

3. 工（量）具清单

钢丝钳、尖嘴钳、剥线钳、螺丝刀、扳手、电动旋具。

4. 任务分工

任务分工见表 2−4。

表 2−4　任务分工表

任务名称	××多媒体教室电气安装工程
组号	
组长	
组员	
成员分工	

2.1.7　任务评价

任务评价表见表 2−5。

表 2−5　照明配电箱安装评价表

序号	内容	配分	评分标准	得分
1	照明配电箱的安装	25	（1）内部电气安装从左到右没按图纸顺序，扣 3 分/处；期间线管、线等不按图纸的位置安装，扣 3 分/处；安装不牢固，扣 3 分/处； （2）箱体进出线孔大小位置不合适，扣 3 分/处； （3）安装位置尺寸与图纸要求相差±5 mm 或以上，或者倾斜，扣 2/处； （4）不做鸭脖子弯导致线管斜伸进电箱，扣 3 分/处；线管或线槽进出箱连接处理不好，扣 3 分/处；连接松动，扣 3 分/处	

续表

序号	内容	配分	评分标准	得分
2	照明配电箱内接线	25	（1）不按图纸要求，接错（漏接），扣 4 分/处； （2）接线端露铜、端子接线超过 2 根，线端压接松动，扣 3 分/处； （3）中性线进箱未直接接零线排，底线未直接接地排，扣 4 分/处； （4）引入线或引出线接线不留余量，余量不合理，扣 3 分/处； （5）相线、零线、地线不按图纸线径要求配线和分色，扣 3 分/处； （6）线路不集中归边走线，或线路凌乱，扣 4 分/处	
3	通电测试	50	（1）通电后负载没电，扣 25 分； （2）通电后开关不起控制作用，或不符合图纸控制要求，扣 10 分/处； （3）通电后输出电压不正常，扣 10 分/处； （4）通电后箱内电路若发生跳闸、漏电等现象，可视事故的轻重，扣 24～30 分	

任务 2.2　开关、灯具、插座的安装

2.2.1　思政目标

（1）通过实验教学、案例分析等方式，培养学生的创新思维和实践能力。鼓励学生敢于探索、勇于创新。

（2）培养学生的职业道德和责任意识。引导学生树立正确的职业观念，遵守职业道德规范，积极履行职业责任。

（3）培养学生的团队协作精神和沟通能力，使学生具备在团队中有效协作、共同解决问题的能力。

2.2.2　知识目标

（1）掌握照明配电系统图和照明平面图的阅读方法。

（2）能够识读照明配电系统图。

（3）能够识读照明平面图。

2.2.3 技能目标

（1）能够根据照明配电系统图和照明平面图完成照明线路的连接。

（2）熟悉相关施工工艺及验收规范。

（3）能够按照施工要求，团队协作完成照明线路的安装。

2.2.4 知识链接

1. 开关

电气照明开关是指用于控制照明灯具开、关的电器设备。它负责安全、可靠地控制灯具的开启和关闭，同时也具有节能和智能控制的功能。电气照明开关的种类很多，按控制方式分普通型、智能型；按安装场合分明装式和暗装式两类：明装式有拉线开关和扳把开关（又称平头开关），暗装式有跷板式开关和触碰式开关；按结构分单极开关、三极开关、单控开关、双控开关及旋转开关等。（“极”又称为“联”，是指在一个面板上有几个开关功能模块。“一位”就是有一个开关；“控”，即一个开关选择性地控制几条电路。）

图 2–4 为双控开关接线图。

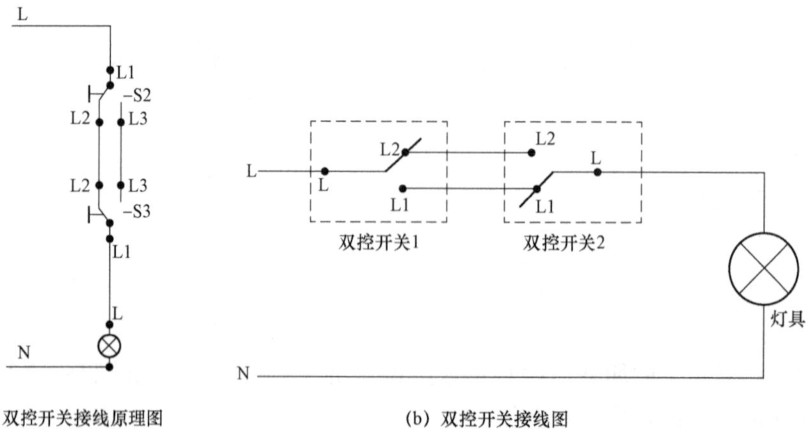

(a) 双控开关接线原理图　　(b) 双控开关接线图

图 2–4 双控开关接线图

照明开关安装技术要求如下。

（1）照明开关或暗装开关一般安装在门边便于操作的地方，开关位置与灯具相对应。

（2）拨动（又称扳把）开关距地面高度一般为 1.2～1.4 m，距门框距离为 150～200 mm。

（3）拉线开关距地面高度一般为 2.2～2.8 m，距门框距离为 150～200 mm。

（4）暗装开关的盖板应端正、严密，并与墙面齐平。

（5）明线敷设的开关应安装在厚度不小于 15 mm 的木台上。

（6）多尘潮湿场所（如浴室）应用防水瓷质拉线开关或加装保护箱。表 2–6 为常用照明开关电气符号。

表 2–6　常用照明开关电气符号

名称	图形符号	说明	名称	图形符号	说明
开关		开关一般符号	一位开关		明装
	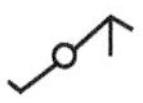	单极双控拉线开关			暗装
	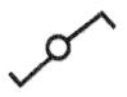	双控开关			密闭
	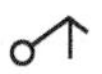	单极拉线开关			防爆
二位开关		明装	三位开关		明装
		暗装			暗装
		密闭			密闭
		防爆			防爆

2. 灯具

1）电光源

电气照明是利用电光源将电能转换为光能，在夜晚或自然采光不足的环境中提供的人工照明。合理的电气照明，对于保护视力、减少事故发生、提高工作效率及美化、装饰环境都具有重要的意义。电气照明主要由供电线路、控制装置和电光源组成。

常用的电光源有热辐射光源和气体放电冷光源两大类。前者是利用电流通过物体（灯丝），使之加热至白炽化状态而辐射发光的原理制成的，常见的有白炽灯、卤钨灯等；后者是电极在电场作用下，通过一种或几种气体或金属蒸气而发光的电光源，如荧光灯、节能灯、高压汞灯、高压钠灯、金属卤化物灯和氙灯等。

2）灯具分类

灯具就是用来固定电光源器件的装置，其作用是防护电光源器件免受外力损伤；消除或减弱炫光，使光源发出的光线向需要的方向照射，可以装饰、美化环境。

灯具分为直射照明型灯具、半直射照明型灯具、均匀漫射型灯具、间接照明型灯具或半间接照明型灯具；根据灯具的结构也可分为开启型灯具、密闭型灯具、防爆型灯具等。

3）灯具的安装

灯具的安装方式主要有吸顶式、悬吊式、壁装式、台式、落地式等。灯具的类型及安装方式的文字符号见表 2–7 与表 2–8，部分常用照明灯具电气符号见表 2–9。

表 2-7　灯具的类型

灯具类型	文字符号	灯具类型	文字符号	灯具类型	文字符号
壁灯	B	卤钨探照灯	L	花灯	H
吸顶灯	D	普通吊灯	P	水晶底罩灯	J
防水防尘灯	F	搪瓷伞罩灯	S	荧光灯灯具	Y
工厂一般灯具	G	投光灯	T	柱灯	Z
防爆灯	G 或专用符号	无磨砂玻璃罩万能型灯	W		

表 2-8　灯具的安装方式

灯具安装方式	文字符号	灯具安装方式	文字符号
自在器线吊式	CP	吸顶式	S
固定线吊式	CP1	嵌顶式	R
防水线吊式	CP2	墙壁内安装式	WR
吊线器式	CP3	台上安装式	T
链吊式	Ch	支架安装式	SP
管吊式	P	柱上安装式	CL
壁装式	W	座装式	HM

表 2-9　部分常用照明灯具电气符号

名称	图形符号	说明	名称	图形符号	说明
灯		一般符号	弯灯		
灯管	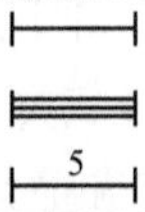	荧光灯一般符号 三管荧光灯 五管荧光灯	局部照明灯		
安全灯			防水防尘灯		
吸顶灯			花灯		
壁灯					

3. 电气照明器具安装技术要求

（1）当在砖石结构中安装电气照明装置时，应采用预埋吊钩、螺栓、螺钉、膨胀螺栓、尼龙塞或塑料塞固定，严禁使用木楔。当设计无规定时，上述固定件的承载能力应与电气照明装置的质量相匹配。

（2）在危险性较大及特殊危险场所，当灯具距地面高度小于 2.4 m 时，应使用额定电压为 36 V 及以下的照明灯具，或采取保护措施。

（3）安装在绝缘台上的电气照明装置，其导线的端头绝缘部分应伸出绝缘台的表面。

（4）电气照明装置的接线应牢固，电气接触应良好；需接地或接零的灯具、开关、插座等非带电金属部分，应有明显标志的专用接地螺钉。

（5）灯具及其配件应齐全，并应无机械损伤、变形、油漆剥落和灯罩破裂等缺陷。

（6）室外安装的灯具，距地面的高度不宜小于 3 m；当在墙上安装时，距地面的高度不应小于 2.5 m。

（7）螺口灯头的接线应符合下列要求。

① 相线应接在中心触头的端子上，中性线应接在螺纹的端子上。

② 灯头的绝缘外壳不应有破损和漏电。

③ 对于带开关的灯头，开关手柄不应有裸露的金属部分。

（8）对于装有白炽灯泡的吸顶灯具，灯泡不应紧贴灯罩；当灯泡与绝缘台之间的距离小于 5 mm 时，应采取隔热措施。

（9）灯具的安装应符合下列要求。

① 吊链灯具的灯线不应受拉力，灯线应与吊链编叉在一起。

② 软线吊灯的软线两端应做保护扣；两端芯线应搪锡。

③ 同一室内或场所成排安装的灯具，其中心线偏差不应大于 5 mm。

④ 日光灯和高压汞灯及其附件应配套使用，安装位置应便于检查和维修。

⑤ 灯具固定应牢固可靠。每个灯具固定用的螺钉或螺栓不应少于 2 个；当绝缘台直径为 75 mm 及以下时，可采用 1 个螺钉或螺栓固定。

（10）公共场所用的应急照明灯和疏散指示灯，应有明显的标志。无专人管理的公共场所照明宜装设自动节能开关。

（11）每套路灯应在相线上装设熔断器。由架空线引入路灯的导线，在灯具入口处应做防水弯。

（12）当吊灯灯具质量大于 3 kg 时，应采用预埋吊钩或螺栓固定；当软线吊灯灯具质量大于 1 kg 时，应增设吊链。

（13）投光灯的底座及支架应固定牢固，枢轴应沿需要的光轴方向拧紧固定。

（14）开关至灯具的导线应使用额定电压不低于 500 V 的铜芯多股绝缘导线。

（15）安装在同一建（构）筑物内的开关，宜采用同一系列的产品，开关的通断位置应一致，且操作灵活、接触可靠。

（16）开关安装的位置应便于操作，开关边缘距门框的距离宜为 0.15～0.2 m；开关距地面的高度宜为 1.3 m；拉线开关距地面的高度宜为 2～3 m，且拉线出口应垂直向下。

（17）并列安装的相同型号开关距地面高度应一致，高度差不应大于 1 mm；同一室内安装的开关高度差不应大于 5 mm；并列安装的拉线开关的相邻间距不宜小于

20 mm。

（18）相线应经开关控制；民用住宅严禁装设床头开关。

（19）暗装的开关应采用专用盒；专用盒的四周不应有空隙，且盖板应端正，并紧贴墙面。

（20）白炽灯泡发热量较大，若离绝缘台过近，不管绝缘台是木质的还是塑料制成的，均会因过热而易被烤焦或老化，导致燃烧，故应在灯泡与绝缘台之间设置隔热阻燃制品。

（21）防爆灯具的安装。主要是严格按图纸规定选用规格型号，且不混淆，更不能用非防爆产品替代。各泄放口上下方不得安装灯具，主要因为泄放时有气体冲击，会损坏防爆灯灯具，如管道放出的是爆炸性气体，则更加危险。

（22）应急照明是在特殊情况起关键作用的照明，有争分夺秒的含义，只要通电需瞬时发光，故其灯源不能用延时点燃的高汞灯泡等。疏散指示灯要明亮醒目，且在人群通过时偶尔碰撞也不应有所损坏。

4. 插座

插座的作用是为移动式照明电路、家用电器或其他用电设备提供电源，如台灯、风扇、电视机、电冰箱、空调器等。插座的样式有单相两孔（极）插座、单相三孔（极）插座、三相三孔（极）插座、三相四孔（极）插座等，见表 2–10 与表 2–11。其安装技术要求如下。

表 2–10　常见插座分类

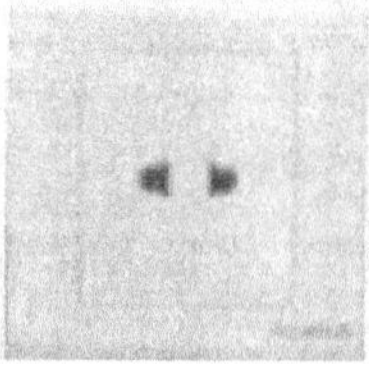	单相两极插座	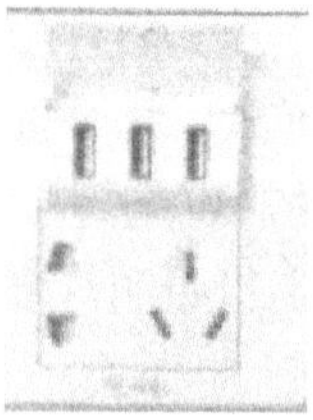	带 5 V USB 插座
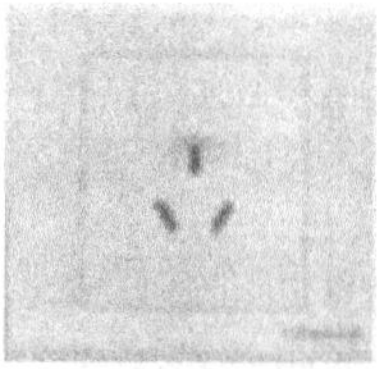	10 A 单相三极插座 （普通电器）		16 A 单相三极插座 （空调大功率电器）
	二三插座		三相四极插座

表 2-11　常见插座电气符号

名称	图形符号	说明	名称	图形符号	说明
插座		一般符号	单相三极插座		明装 暗装 密闭 防爆
单相插座		明装 暗装 密闭 防爆	三相四极插座		明装 暗装
多个插座	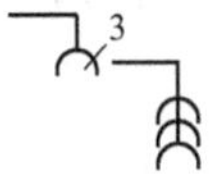	3 个	带开关插座		具有单极开关的插座
带熔断器的插座					

（1）凡携带式或移动式电器用插座，单相用三孔插座，三相用孔眼插座，其接地孔应与接地线或零件接牢。

（2）明装插座离地面的高度应不低于 1.3 m，一般为 1.5～1.8 m；暗装插座允许低装，但距地面的高度应不低于 0.3 m。

（3）儿童活动场所的插座应用安全插座，当采用普通插座时，安全高度不应低于 1.8 m。

（4）在特别潮湿的场所，不应安装插座。

（5）单相两孔插座：面对插座的右孔或上孔与相线相连接，左孔或下孔与中性线相连接，俗称“左零右火”或“下零上火”。

单相三孔插座：面对插座的右孔与相线相连接，左孔与零线相连接，上面的孔与保护中性线相连接，俗称“左零右火上保护”。

三相四孔插座：面对插座按逆时针方向依次接相线 LI、L2、L3，上面孔接地线。同一场所的三相插座，接线的相序也应一致。

（6）插座的安装分底盒明装和底盒暗装两种形式，底盒明装又有线管专用和线槽专用之分。底盒安装前要根据照明布线示意图，提前在底盒上开出相应的线管或线槽进出孔。安装时，在线槽与插座底盒相连接时，线槽要插入底盒内，插入深度要符合工艺规范要求；线管与插座底盒相连接时，线管必须使用连接件进行可靠连接。

2.2.5　任务内容

某车间需要对照明及插座线路进行敷设，现按照施工要求，在 YL-156A 型电气安装与维修实训考核装置上进行灯具、开关、插座的安装固定，如图 2-5～图 2-7 所示。

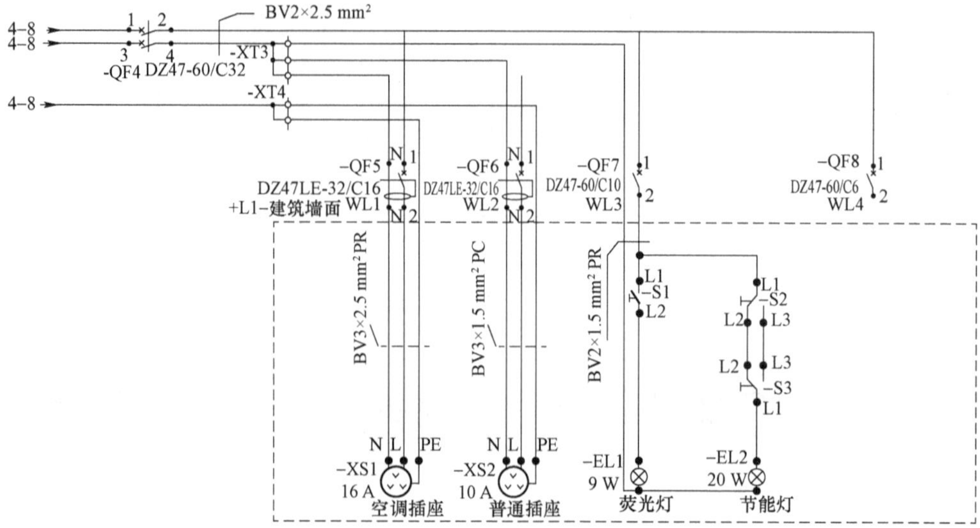

图 2-5 开关、灯具、插座接线原理图

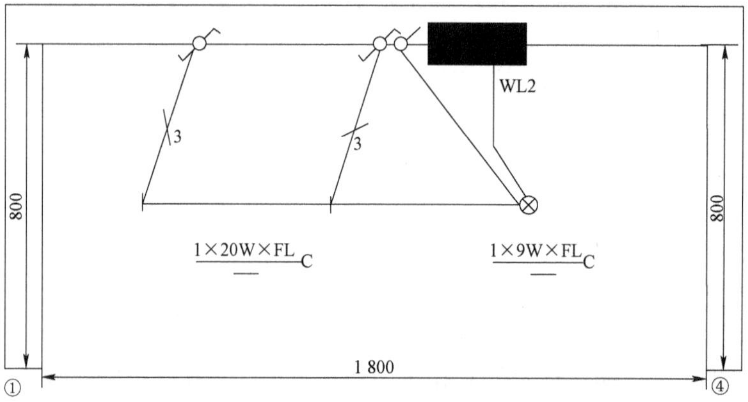

图 2-6 开关、灯具接线图

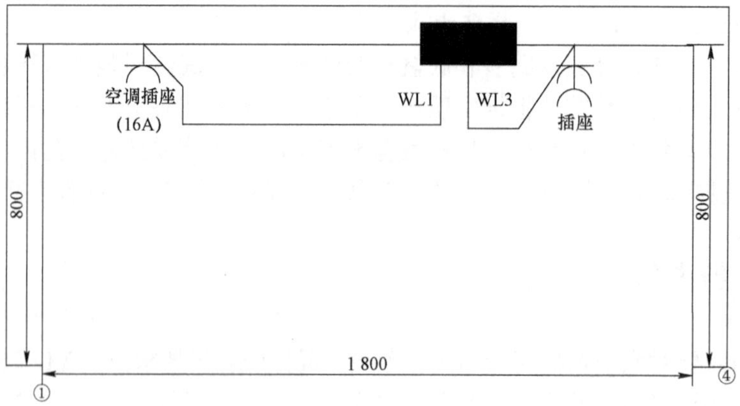

图 2-7 插座接线图

2.2.6 任务实施

1. 施工单

施工单见表 2-12。

表 2-12 施工单

施工单号：

发单日期：

<table>
<tr><td>工程名称</td><td colspan="3">××多媒体教室电气安装工程</td></tr>
<tr><td>工位号</td><td></td><td>施工日期</td><td></td></tr>
<tr><td>施工内容</td><td colspan="3">按《电气设备和器件安装位置示意图》《照明布线示意图》《动力布线示意图》在墙面和顶棚安装电气设备与器件、线槽和相关附件</td></tr>
<tr><td>施工技术资料</td><td colspan="3">PVC 线槽安装示意图</td></tr>
<tr><td>施工要求</td><td colspan="3">1. 按《电气安全工作规程》进行施工；
2. 按《电气装置安装工程　低压电器施工及验收规范》要求安装电气元件和控制电路；
3. 按《建筑电气工程施工质量验收规范》中的验收标准安装电气线路</td></tr>
<tr><td>备注</td><td colspan="3">施工图更改记录：</td></tr>
</table>

2. 材料清单

材料清单见表 2-13。

表 2-13 材料清单

<table>
<tr><td>序号</td><td>名称</td><td>规格/型号</td><td>单位</td><td>数量</td><td>备注（说明）</td></tr>
<tr><td>1</td><td>日光灯组件</td><td>20 W</td><td>套</td><td>1</td><td>长度 65 cm 左右</td></tr>
<tr><td>2</td><td>螺口节能灯</td><td>9 ～13 W</td><td>只</td><td>1</td><td></td></tr>
<tr><td>3</td><td>螺口灯座</td><td>86 型 E27 灯座</td><td>只</td><td>1</td><td></td></tr>
<tr><td>4</td><td>双开</td><td>86 型</td><td>只</td><td>2</td><td>双联开关</td></tr>
<tr><td>5</td><td>单开</td><td>86 型</td><td>只</td><td>2</td><td>双联开关</td></tr>
<tr><td>6</td><td>五孔插座</td><td>86 型（10 A）</td><td>只</td><td>2</td><td></td></tr>
<tr><td>7</td><td>三孔插座</td><td>86 型（16 A）</td><td>只</td><td>1</td><td></td></tr>
<tr><td>8</td><td>分线盒面板</td><td>86 型</td><td>只</td><td>1</td><td></td></tr>
<tr><td>9</td><td>螺丝</td><td>$\phi3\times20$</td><td>只</td><td>16</td><td>86 型面板配套螺丝</td></tr>
<tr><td rowspan="2">10</td><td rowspan="2">明装底盒</td><td>86 型</td><td>只</td><td>6</td><td>86×86×30</td></tr>
<tr><td>86 加深型</td><td>只</td><td>1</td><td>86×86×40</td></tr>
</table>

3. 工（量）具清单

钢丝钳、尖嘴钳、剥线钳、螺丝刀、扳手、电动旋具。

4. 任务分工

任务分工见表 2–14。

表 2–14 任务分工表

任务名称	××多媒体教室电气安装工程
组号	
组长	
组员	
成员分工	

2.2.7 任务评价

任务评价见表 2–15。

表 2–15 照明电路安装评价表

序号	内容	配分	评分标准	得分
1	灯具和开关插座的安装	20	（1）不按图纸的位置安装，扣 3 分/处； （2）安装位置尺寸与图纸要求相差±5 mm 或以上者，或倾斜者，扣 3 分/处	
2	PVC 线管或 PVC 线槽工艺	20	（1）当 PVC 线槽进盒或灯具底座时，底槽未伸入盒或底座内，或槽盖边与盒边间隙大于 1 mm 者，扣 3 分/处；PVC 线槽盖插入或槽底插入长度偏离要求，扣 3 分/处； （2）PVC 线管、PVC 线槽安装要横平竖直，连接处规范合理，螺钉固定要牢固，手摇不松动，不符合要求的扣 3 分/处	
3	灯具、开关、插座接线	20	（1）相线、中性线、接地线不按图纸线径要求配线和分色，扣 3 分/处； （2）接线端处露铜超过 3 mm，扣 3 分/处； （3）接线不留 150～200 mm 余量，扣 3 分/处； （4）导线端子没拧成一股绳或压接不牢，扣 2 分/处	
4	通电测试	40	（1）通电后带指示灯插座的指示灯不发光，扣 10 分/处； （2）通电后开关不起控制作用，或不符合图纸控制要求，扣 15 分/处； （3）通电后插座电压不正常，扣 20 分； （4）通电后检查插座零线、底线错位，扣 20 分	

项目 3

电气控制线路安装与调试

- 电气控制线路安装与调试
  - (任务3.1 三相异步电动机自动往返控制线路安装与调试)
    通过工作台左右连续运动，实现对工件的连续加工，进而提高生产效率
    - 自动往返控制线路
    - 人机界面组态设计
    - PLC编程
    - 通信与数据交换
  - （任务3.2 三相异步电动机Y-△降压启动线路安装与调试）
    通过降低电压而减小启动电流，从而降低大功率电动机启动时对电网的冲击
    - Y-△降压启动控制电路
    - 人机界面组态设计
    - PLC编程
    - 通信与数据交换
  - （任务3.3 双速异步电动机变速控制线路安装与调试）
    通过改变定子绕组极对数来实现转子转速调节的变极调速的三相异步双速电动机
    - 三相异步双速电动机
    - 人机界面组态设计
    - PLC编程
    - 通信与数据交换
  - （任务3.4 变频器应用）
    通过利用变频器改变电源电压频率来实现转子转速调节的变频调速的调速方式
    - 变频器控制电路
    - 人机界面组态设计
    - PLC编程
    - 通信与数据交换
  - （任务3.5 步进电动机调试）
    步进电动机是一种用电脉冲信号进行控制，并将电脉冲信号转换成相应的角位移或线位移的控制电机
    - 步进电动机及驱动器控制电路
    - 人机界面组态设计
    - PLC编程
    - 通信与数据交换
  - （任务3.6 伺服电动机调试）
    伺服电动机是将输入的电压信号（控制电压）转换成轴上的角位移或角速度输出，在自动控制系统中常作为执行元件，又称为执行电动机
    - 伺服电动机及驱动器控制电路
    - 人机界面组态设计
    - PLC编程
    - 通信与数据交换

任务 3.1　三相异步电动机自动往返控制线路安装与调试

3.1.1　思政目标

（1）引导学生关注双速异步电动机技术的发展动态，培养学生的创新能力和实践能力。

（2）使学生充分认识到操作过程中的安全风险和环保要求，学会正确使用工具和设备，遵守操作规程，确保人身安全和设备安全。

（3）培养学生的社会责任感，使学生认识到自己的工作和社会的紧密联系，积极为社会做出贡献。

3.1.2　知识目标

（1）掌握三相异步电动机自动往返控制线路的工作原理。

（2）掌握汇川 H2U 系列 PLC 的工作原理、外部接线及编程方法。

（3）掌握昆仑通态触摸屏的外部接线及使用方法。

3.1.3　技能目标

（1）能够根据工作任务要求完成对三相异步电动机自动往返控制线路的安装与调试。

（2）能够熟练掌握汇川 H2U 系列 PLC 与触摸屏之间的通信。

（3）能够正确使用电工工具，按照施工要求，通过团队协作完成三相异步电动机自动往返控制线路的安装与调试。

3.1.4　知识链接

1. 三相异步电动机自动往返控制线路

在生产实际中，为了便于实现对工件的连续加工，提高生产效率，需要电气控制线路能控制电动机，实现自动换接正反转。由行程开关控制的工作台自动往返控制线路如图 3-1 所示。

线路特征：为了使电动机的正反转控制与工作台的左右运动相配合，在控制线路中设置了 4 个行程开关 SQ1、SQ2、SQ3 和 SQ4，并把它们安装在工作台需限位的地方。其中 SQ1、SQ2 用来自动换接电动机正反转控制电路，实现工作台的自动往返；SQ3 和 SQ4 用作终端保护，以防止 SQ1、SQ2 失灵，工作台越过限定位置而造成事故。在工作台边的 T 形槽中装有两块挡铁，挡铁 1 只能和 SQ1、SQ3 相碰撞，

图 3-1　由行程开关控制的工作台自动往返控制线路图

挡铁 2 只能和 SQ2、SQ4 相碰撞。当工作台运动到所限位置时，挡铁碰撞行程开关，使其触头动作，自动换接电动机正反转控制电路通过机械传动机构使工作台自动往返运动。工作台行程可通过移动挡铁位置来调节，拉开两块挡铁间的距离，行程变短，反之则变长。

图 3-2 为三相异步电动机自动往返电气控制原理图，其工作原理如下：① 合上电源开关 QS，按下 SB1，KM1 线圈得电，KM1 常闭辅助触头断开，对 KM2 线圈联锁，KM1 常开辅助触头闭合，对 KM1 线圈自锁，KM1 主触头闭合，三相异步电动机正转，工作台向左运动。② 当挡铁碰撞到 SQ1 时，SQ1 常闭触头断开，KM1 线圈失电，KM1 主触头断开，三相异步电动机停转，KM1 常开辅助触头断开，解除对 KM1 线圈自锁，KM1 常闭辅助触头恢复闭合。③ 同时，SQ1 常开触头闭合，KM2 线圈得电，KM2 常闭辅助触头断开，对 KM1 联锁，KM2 常开辅助触头闭合，对 KM2 自锁，KM2 主触头闭合，三相异步电动机反转，工作台向右运动。④ 当挡铁碰撞到 SQ2 时，控制过程与上述相同。⑤ 停止时，按下停止按钮 SB3。

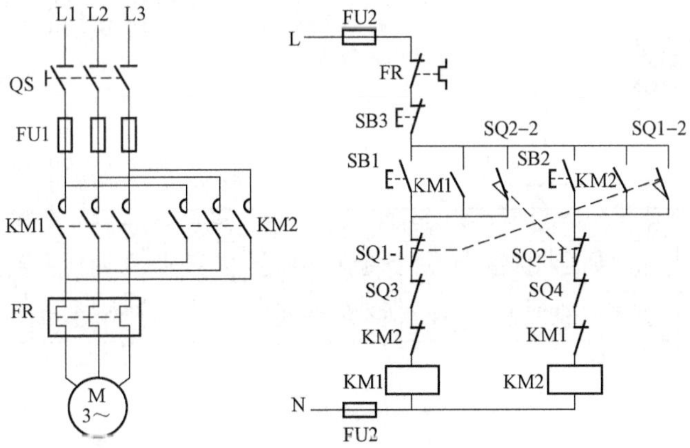

图 3-2　三相异步电动机自动往返电气控制原理图

2. 汇川 H2U 系列 PLC 简介

本书基于 YL-156A 实训平台，使用国产汇川 H2U 系列 PLC。下面简单介绍一下 H2U 系列 PLC。

1）H2U 系列 PLC 主模块各部件的名称与功能

H2U 系列 PLC 主模块各部件的名称与功能如图 3-3 所示。

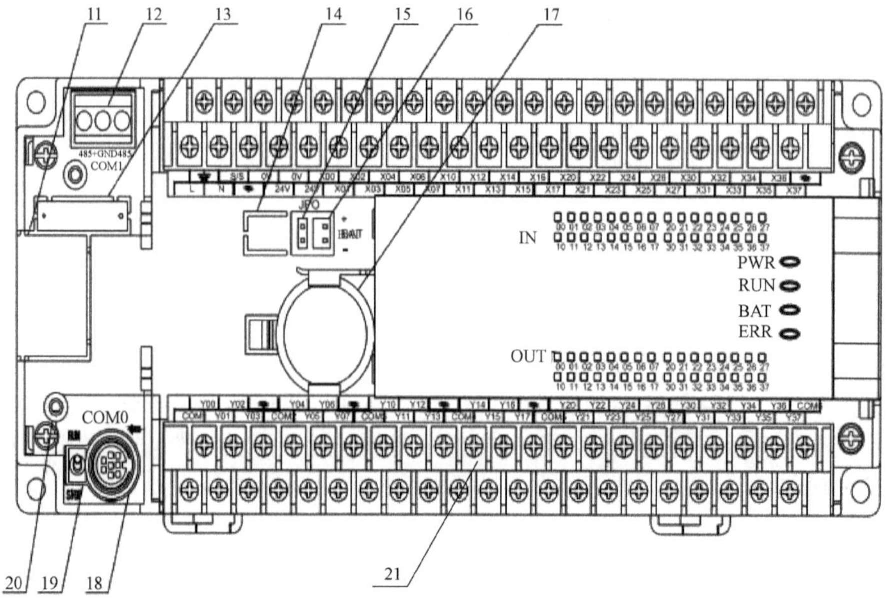

(a)

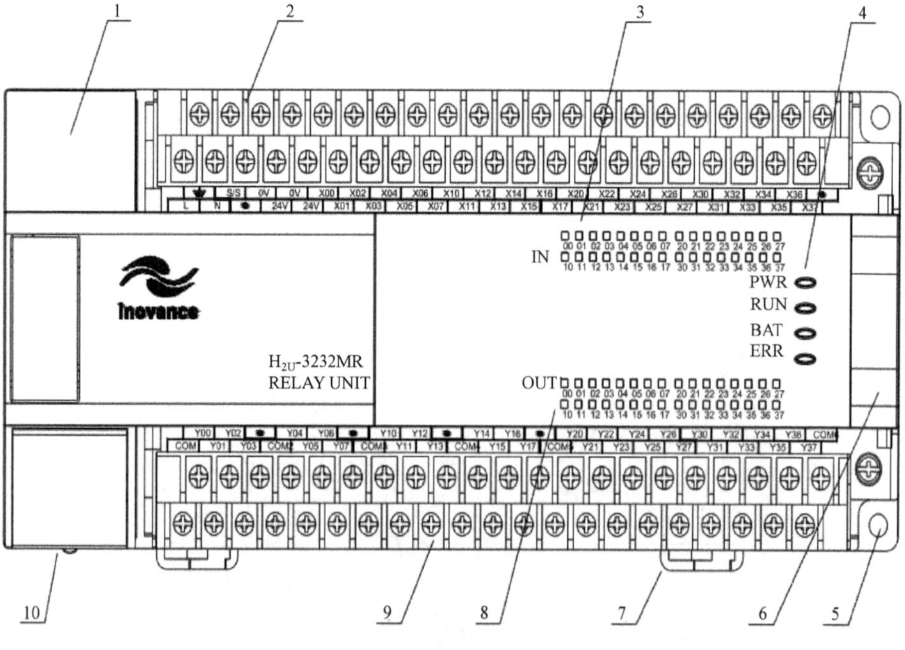

(b)

1—“丁”字盖板；2—电源、辅助电源、输入信号用可拆卸式端子；3—输入状态指示灯；4—运行状态指示灯：PWR 为电源指示灯，RUN 为运行指示灯（正常运行时闪烁），BAT 为电池电压低指示灯，ERR 为错误指示灯；5—安装螺钉孔（4 个）；6—扩展模块接口盖子；7—DIN 导轨安装卡扣（两个）；8—输出状态指示灯；9—输出信号用可拆卸式端子；10—用户程序下载口（COM0）翻盖；11—特殊功能转接板敲落孔（安装特殊功能转接板之前需剪掉）；12—RS-485 通信口（COM1）接线端子；13—特殊功能扩展卡和特殊功能转接板接口；14—系统程序下载口（非专业人员请勿操作）；15—COM0 通信口协议切换跳线（JP0，装上短路块表示 COM0 为下载、监控协议，去掉短路块表示 COM0 可以由用户编程为其他协议，详见《H2U 系列 PLC 通信手册》）；16—电池插座（BAT，请注意极性，不能接反）；17—纽扣型锂电池（请使用厂家提供的专用电池）；18—用户程序下载口（COM0）；19—RUN/STOP 切换开关；20—特殊功能扩展卡和特殊功能转接板固定螺钉柱；21—I/O 端子排列。

图 3–3　H2U 系列 PLC 主模块各部件的名称与功能

汇川 H2U 系列 PLC 主模块 I/O 端子排列如图 3-4 所示。主模块的基本参数见表 3-1。

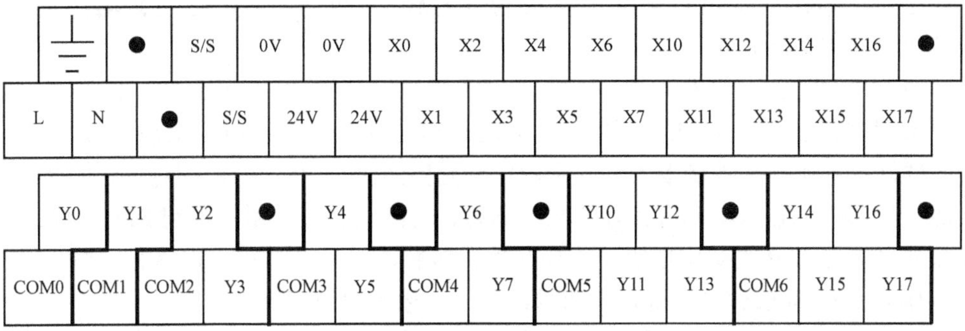

图 3-4　I/O 端子排列

表 3-1　汇川 H2U 系列 PLC 主模块的基本参数

型号	合计点数	输入输出特性					
		普通输入	高速输入	输入电压	普通输出	高速输出	输出方式
H2U-1616MT	32 点	16 点	6 路 100K	DC24 V	16 点	3 路 100K Y0，Y1，Y2	晶体管

2）H2U 系列 PLC 的硬件部分

PLC 主模块主要由中央处理单元 CPU、存储器 RAM、I/O 单元、电源和编程器等几部分组成。

（1）中央处理单元 CPU。中央处理单元 CPU 的主要功能是：上电后，即运行 PLC 的系统程序，检测 PLC 系统硬件，包括接入主模块的各种扩展模块、扩展卡，并对之进行初始化，使之进入默认状态，这些动作只在上电时执行一次。

① 开始运行用户程序前，检查用户程序的正确性和完整性，判断是否含有非法指令；根据用户程序中的内容，初始化 CPU 的各种计数器、中断端口、各通信端口，这些动作只在开始运行时执行一次。

② 执行用户程序：每次从用户存储区中读取一个指令，执行该指令，从指令中所指的操作数单元取数，进行计算，然后将结果存入指定的目标单元。CPU 执行完一条指令后，能自动指向下一条指令的地址，以便取出和执行下一条指令。如此循环执行，直到所有用户程序执行完毕。

③ 处理中断：CPU 除按顺序执行程序外，还能接受内部或外部发来的中断请求，并进行中断处理，处理完返回，继续按顺序执行程序。

（2）存储器 RAM。存储器是具有记忆功能的半导体电路，按保存的特性来分，有永久保存性，用来存储系统程序、用户程序、系统组态等信息，现在一般用 Flash 存储器；另外，还有保存实时状态数据、逻辑变量、计算过程数据的存储器，一般用低功耗型 SDRAM 器件来保存，有的系统还配备电池，用以实现部分变量的掉电保持功能。

H2U、H1U 系列 PLC 采用的是 32 位 ARM 单片机作为主 CPU 处理器件，运算速度快，通信功能丰富。

（3）I/O 单元。实际生产中信号电平是多样的，外部执行机构所需的电平也不同，而可编程控制器的 CPU 所处理的信号只能是标准电平，通过 I/O 单元实现这些信号电平的转换。可编程控制器的输入和输出单元实际上是 PLC 与被控对象之间传送信号的接口部件。输入单元有良好的电气隔离、滤波及整形作用。接到 PLC 输入端的输入器件是各种开关操作按钮、选择开关、传感器等。通过接口电路将这些开关信号转换为 CPU 能够识别和处理的信号，并送入输入映像存储器。

输出单元将 PLC 内部逻辑电路的弱电控制信号通过隔离驱动器件转换为现场所需要的强电信号输出，驱动显示灯、电磁阀、继电器、接触器等各种被控设备的执行器件。

① 输入接口电路。为了防止各种干扰信号和高电压信号进入 PLC，现场输入接口电路一般由 RC 滤波器消除输入触点的抖动和外部噪声干扰，由光电耦合电路进行隔离。

通常 PLC 的输入一般为干触点信号，需要用辅助电源来检测干触点的状态，PLC 内部提供了一个 DC 24 V 电源，按图 3–5（a）所示电路进行连接，当外部的触点闭合时，就会在光耦的一次侧形成电流，在光耦二次侧可以检测到该状态，经过滤波整形后送到内部 CPU 的输入端。这种由 PLC 内置辅助电源供电，将输入干触点接于 X 与 COM 端之间的接线方式，接点状态为 1 时从 X 输入端“拉电流”，也称为“漏型输入接法”。

也有些场合输入的是有源信号，如智能设备或传感器的输出端为 24 V 左右的信号表示状态 1，输出端为 4 V 以下表示状态 0。接点状态为 1 时从 X 输入端“灌电流”，也称为“源型输入接法”，如图 3–5（b）所示。

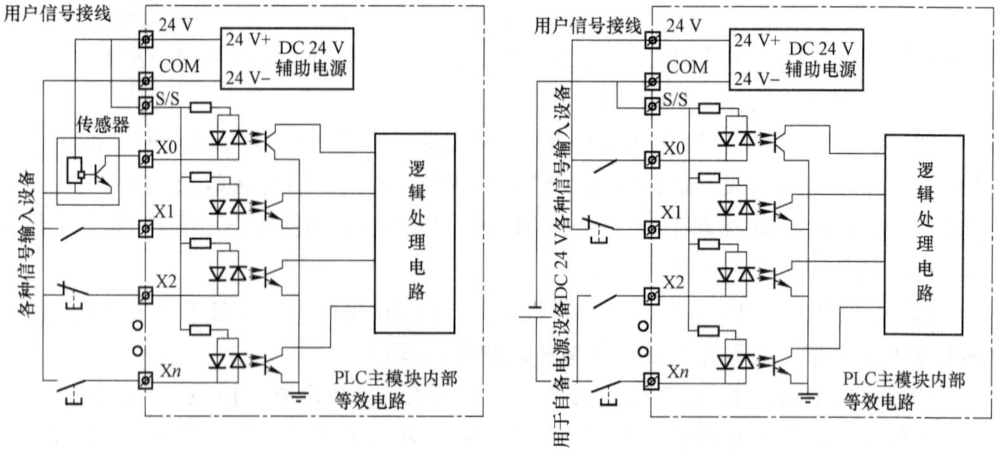

（a）漏型输入接法　　（b）源型输入接法

图 3–5　输入接口电路

为方便用户现场选择输入接法，每个 X 的输入电路选用了双向光，并将主模块内的公共端［S/S］引出供用户选择连接，当［S/S］与辅助电源 24 V 端子连接时，就是漏型输入接法，当［S/S］与辅助电源 COM 端子连接时，则可组成源型输入接法。

② 输出接口电路。CPU 在输出操作时，根据内存输出映像区对应位的状态，接通或断开电路中的继电器线圈，令其触点闭合或断开，通过该接点控制外部负载电路的通断。H2U 系列 PLC 的典型输出方式有两种：继电器输出、晶体管输出。

图 3-6 为继电器输出方式的等效电路图，输出都采用了电气隔离技术。

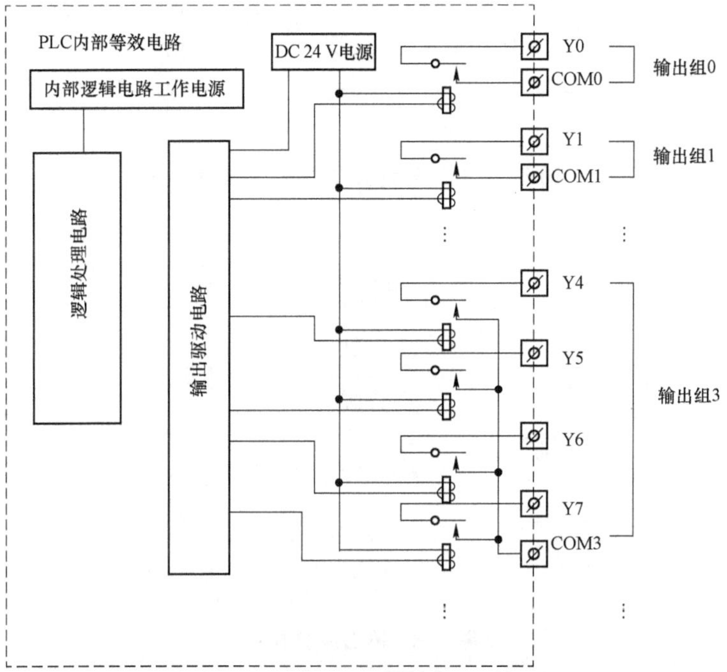

图 3-6　继电器输出方式的等效电路图

继电器输出型使用的比较多，因其触点容量比较大，直接控制最大 250 V/5 A 负载回路，但动作频度不能太高，其触点寿命有限，还与用户回路的电流大小有关。图 3-7 为晶体管输出方式的等效电路图，输出都采用了光电隔离技术。晶体管输出方式只能控制 DC 24 V 300 mA 低压直流回路，驱动电流较小，但动作频率高，最高的输出端口可达 100 kHz，且寿命长，适合给步进驱动器、伺服驱动器、低压电磁阀等设备提供控制信号。

继电器通过电磁元件进行电气隔离，而晶体管输出型通过光电耦合器进行电气隔离，保证了用户电路与 PLC 内部逻辑电路的隔离。

为了避免受瞬间大电流或高电压的作用而损坏 PLC 输出元件，可采取以下措施：不要直接驱动容性负载；将输出的公共端接熔断器限制短路电流；对直流感性负载用续流二极管，对交流感性负载用阻容吸收电路。使用如图 3-8 所示的输出保护电路，可显著延长 PLC 输出器件的使用寿命。

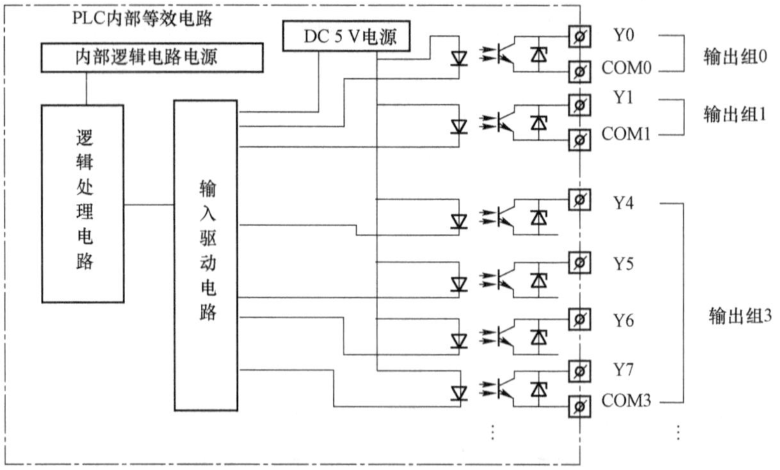

图 3–7　晶体管输出方式的等效电路图

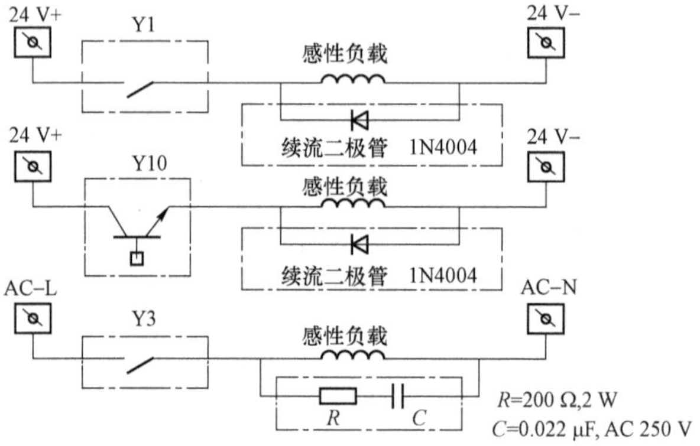

图 3–8　输出保护电路

由于 PLC 的输入和输出端是通过光电耦合，在电气上是完全隔离的，外界的干扰信号不会串入逻辑电路，这极大地提高了 PLC 的可靠性和抗干扰能力。

（4）电源。PLC 的电源一般采用 AC 220 V 市电，电源部件将交流电转换为供 PLC 工作所需的低压直流电源 24 V/5 V/GND，以及供外部 X 端口状态检测、外部传感器工作用的 24 V /COM 电源。两个直流电源的 GND 和 COM 互为隔离，可提高抗干扰能力。而 AC 220 V 与低压直流部分满足绝缘标准，确保使用者的人身安全。

PLC 主模块和各种扩展模块组成的系统，各部分的工作电源都由主模块供电，其中 24 V/5 V/GND 是由各模块的扩展电缆传递的，而 24 V/COM 则由用户根据需要进行连接。

（5）编程器。编程器是使用 PLC 最重要的外部设备。利用编程器将用户程序送入 PLC 的存储器，除可以用编程器检查、修改、调试程序外，还可监视程序的运行及 PLC 的工作状态。

利用个人计算机（PC），配以 PLC 编程软件（AutoShop），使用适当的硬件接口的下载电缆，就可以对 PLC 编程。利用计算机编程，可以直接显示梯形图、读出程序、写入程序、监控程序运行等。对于一些 PLC 应用现场，常用简易型便携式、手持式编程器。

3）PLC 的工作方式

PLC 的工作方式与继电器工作方式相比较：继电器采用并行工作方式，而 PLC 采用逐条读取指令、逐条执行指令顺序的循环扫描工作方式。一个扫描周期大致可分为输入采样、程序执行、输出刷新这 3 个阶段。

4）PLC 的特点

根据 PLC 的工作原理，它主要具有以下特点：

（1）功能强大；

（2）可靠性高、抗干扰能力强；

（3）安装与调试方便，维修工作量小；

（4）编程方法简单易学。

PLC 由于具有强大的功能和其他优良的性能，在生产过程的自动化控制系统中得到了广泛的应用，如开关逻辑控制、过程控制、运动控制、数据处理、通信和联网等。

3.1.4.1　H2U 系列的扩展

1. 扩展模块

扩展模块按功能分为数字量扩展模块（也称普通扩展模块，用于 I/O 端口的扩展）与模拟量扩展模块、定位控制模块、通信与网络扩展模块等（这 3 种模块又称特殊功能模块，可实现模拟量的输入/输出或各种特定的功能）。

扩展模块按与主模块之间的连接方式，分为本地模块与远程模块。前者需紧邻主模块安装，通过扩展模块自带的并行电缆进行插接。后者则通过 CAN-LINK 总线与主模块相连，连线距离可达几十米。

H2U 系列数字量扩展模块命名规则如图 3-9 所示。

H2U-0016ERNR

①　②　③　④　⑤⑥⑦⑧

图 3-9　H2U 系列数字量扩展模块命名规则

① 汇川控制器。

② 系列号。

③ 输入点数。

④ 输出点数。

⑤ 产品类型。E—扩展模块。

⑥ 输出类型。N—无输出；R—继电器输出；T—晶体管输出。

⑦ 输入电源类型。N—无电源输入；D—DC 24 V 输入。

⑧ 远程或本地扩展。R—远程扩展模块；默认—本地扩展模块。

H2U 系列模拟量扩展模块命名规则如图 3–10 所示。

H2U-4ADR

① ② ③ ④ ⑤

图 3–10　H2U 系列模拟量扩展模块命名规则

① 汇川控制器。

② 系列号。

③ 通道数。

④ 特殊功能模块类型。AD—模拟量输入；DA—模拟量输出；PT—热电阻输入；TC—热电耦输入；AM—混合模拟量模块。

⑤ 远程或本地扩展。R—远程扩展模块；默认—本地扩展模块。

H2U 系列扩展模块的型号及功能描述见表 3–2。

表 3–2　H2U 系列扩展模块型号及功能描述

产品型号	产品名称	功能描述	H2U			
			通用	Q 型	N 型	XP 型
H2U–0016ERN	H2U 系列本地继电器输出型扩展模块	16 点继电器输出本地模块	√	√	√	√
H2U–0016ETN	H2U 系列本地晶体管输出型扩展模块	16 点晶体管输出本地模块	√	√	√	√

2. 编程软件的使用

不同的可编程控制器，其编程软件也不相同，下面以汇川的 AutoShop 软件为例来学习如何使用 PLC 编程软件。

AutoShop 软件具有 PLC 控制程序的创建、程序写入和读出、程序监控和调试、PLC 的诊断等功能。下面以完成启动与停止控制程序的输入为例，说明 AutoShop 软件的基本操作。

（1）打开 AutoShop 软件。AutoShop 软件的操作界面如图 3–11 所示。

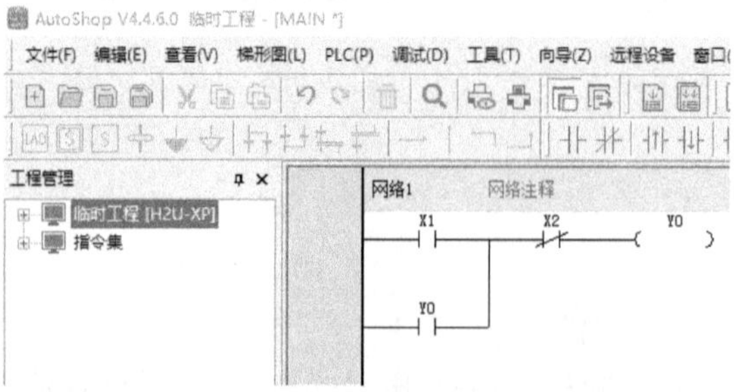

图 3–11　AutoShop 软件的操作界面

（2）创建新工程。单击菜单栏中的“新建工程”，即可打开对话框。依次完成：

① 选中“新建工程”选项。

② 命名“工程名”：如“电气安装与维修技术”。

③ 选择“PLC 类型”：H2U。

④ 默认编辑器：选“梯形图”。

⑤ 工程描述：此项可省略。

完成以上各选项后，单击“确定”按钮，即可出现编程界面。

工程名和保存路径可以在“工程名”“保存路径”选项中进行设置，也可以在保存程序时再设置。

（3）程序编写。新工程建立后，可以在用户窗口进行梯形图的输入。输入时，可采用“功能图”进行编程，也可以采用“指令符”或“快捷”方式。当采用键盘输入时，常用元件或指令快捷键见表 3-3。最后，输入完成如图 3-12 所示的梯形图程序。

表 3-3　常用元件或指令快捷键

元件或指令	快捷键	元件或指令	快捷键
常开触点（A）	F5	横线（H）	F9
常闭触点（B）	F6	竖线删除（D）	Ctrl+F10
并联常开触点（O）	Shift+F5	横线删除（L）	Ctrl+F9
并联常闭触点（R）	Shift+F6	上升沿脉冲（P）	Shift+F7
线圈（C）	F7	下降沿脉冲（S）	Shift+F8
应用指令（E）	F8	并联上升沿脉冲（U）	Alt+F7
竖线（V）	Shift+F9	并联下降沿脉冲（T）	Alt+F8

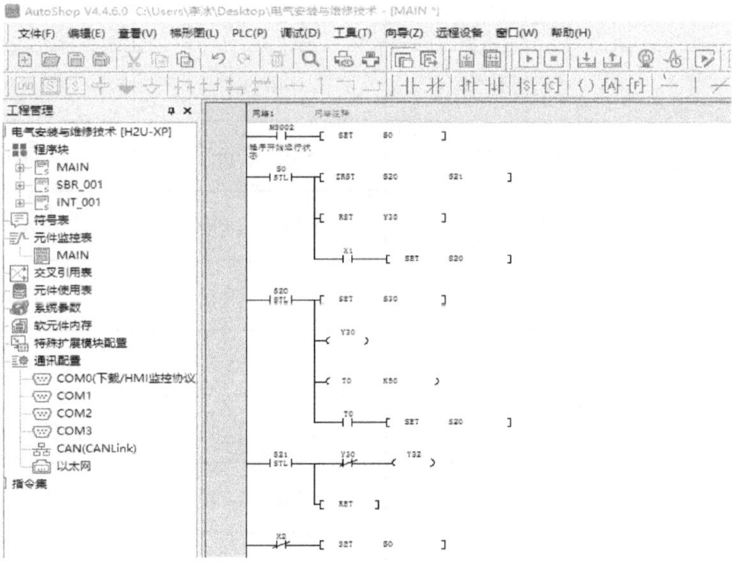

图 3-12　梯形图程序

（4）程序编译。在完成梯形图的输入并检查无误后，应对梯形图进行编译操作，将其变换为 PLC 的执行程序，否则编辑中的程序无法保存和下载运行。具体操作方法是：选择“PLC（P）”|“编译”即可。

（5）注释编辑。对程序中用到的元件进行注释，有助于阅读和理解程序，尤其是在调试和修改编程时帮助更大。具体操作是：先选择“查看”|“元件注释”，然后右击梯形图中需要注释的元件进行注释。注释可通过选择“查看”|“元件注释”来打开或关闭显示。除此之外，PLC 还有保存程序、下载程序、上载程序、在线修改、监视模式等功能。

（6）PLC 软元件。PLC 软元件是指输入继电器（X）、输出继电器（Y）、辅助继电器（M）、状态继电器（S）、定时器（T）、计数器（C）、数据寄存器等。

YL-156A 实训装置配置的汇川可编程控制器 H2U-1616MT，输入端口为 X0～X17；输出端口为 Y0～Y17，为晶体管输出类型，可驱动直流负载。扩展模块 H2U-0016ERN，输出端口为 Y0～Y7、Y10～Y17，为继电器输出类型，可驱动直流或交流负载。

PLC 软元件的其他类型见表 3-4，部分特殊用辅助继电器见表 3-5。

表 3-4　PLC 软元件

项目		H2U 系列	
辅助继电器	一般用*1	M0～M499	500 点
	保存用*2	M500～1023	524 点
	保存用*3	M1024～M3071	2048 点
	特殊用	M8000～M8255	256 点
状态继电器	初始化*1	S0～S9	10 点
	一般用*2	S10～S499	490 点
	保存用*3	S500～S899	400 点
	信号用	S900～S999	100 点
定时器	100 ms	T0～T199	200 点（0.1～3 276.7 s）
	10 ms	T200～T245	46 点（0.01～327.67 s）
	1 ms 累计型*3	T246～T249	4 点（0.001～32.767 s）
	100 ms 累计型*3	T250～T255	6 点（0.1～3 276.7 s）

续表

项目		H2U 系列	
计数器	16 位单向*1	C0～C99	100 点（0～32 767 计数）
	16 位单向*2	C100～C199	100 点（0～32 767 计数）
	32 位双向*1	C200～C219	20 点（−2 147 483 648～+2 147 483 647）计数
	32 位双向*2	C220～C234	15 点（−2 147 483 648～+2 147 483 647）计数
	32 位高速双向*2	C235～C255	16 位通用*点（−2 147 483 648～+2 147 483 647）计数
数据存储器	16 位通用*1	D0～D199	200 点
	16 位保存用*2	D200～D511	312 点
	16 位保存用*3	D512～D7999	7 488 点（D1000 以后可以 500 点为单位设置文件寄存器）
	16 位特殊用	D8000～D8255	256 点
	16 位变址寻址用	V0～V7，Z0～Z7	16 点

表 3-5　部分特殊用辅助继电器

M 元件	M 元件的描述	M 元件	M 元件的描述
M8000	PLC 运行时置为 ON 状态	M8002	PLC 运行的第一周期时置为 ON 状态
M8011	10 ms 时钟周期的振荡脉冲	M8012	100 ms 时钟周期的振荡脉冲
M8013	1 s 时钟周期的振荡脉冲	M8029	脉冲指令执行完成时置为 ON 状态

3. 触摸屏简介

触摸屏（touch panel）又称触控面板，是感应式液晶显示装置。当接触屏上的图形为按钮时，屏幕上的触觉反馈系统可根据预先编好的程序驱动各种连接装置，并借由液晶显示装置制造出生动的影音动画效果。触摸屏具有操作简单、便捷、人性化、功能强大等优点，因此，它将作为一种新型的人机界面广泛应用于工业生产和日常生活中。

昆仑通态触摸屏 TPC7062K 采用了 7 英寸高亮度的液晶显示屏，色彩艳丽、功能强大，可以独立运行于 Windows CE 操作系统，它与 MCGS 工控组态软件结合，可以为工业自动化设备实现组态控制、远程操作、实时动态监控、历史报警信息查询等强大功能。

1）TPC7062K 外部接口

（1）外部接口说明（见表 3-6）。

表 3-6　TPC7062K 外部接口说明

项目	TPC7062K
LAN（RJ-45）	以太网接口
串口（DB9）	1×RS-232，1×RS-485
USB1	主口，USB1.1 兼容
USB2	从口，用于下载工程
电源接口	DC 24 V（1±20%）

TPC7062K 外部接口如图 3-13 所示。

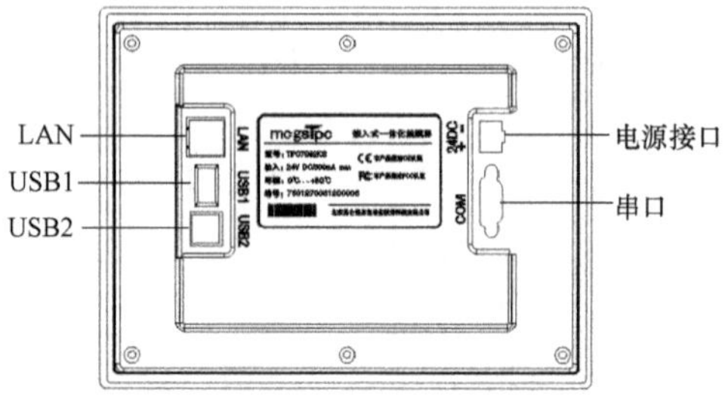

图 3-13　TPC7062K 外部接口

（2）串口引脚定义。

串口引脚如图 3-14 所示，其说明见表 3-7。

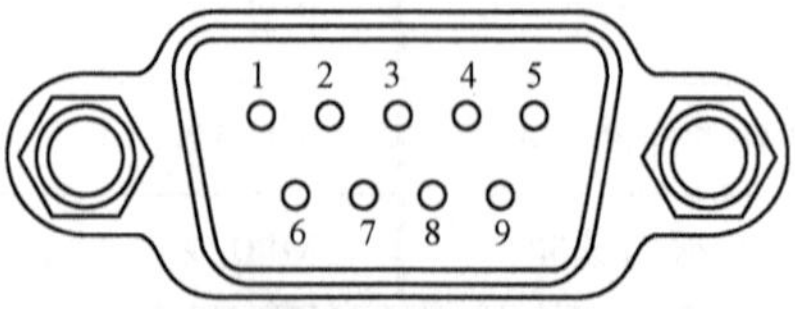

图 3-14　串口引脚

表 3-7　串口引脚说明

接口	PIN	引脚定义
COM1	2	RS-232 RXD
	3	RS-232 TXD
	5	GND
COM2	7	RS-485+
	8	RS-485-

2）触摸屏编程软件

MCGS 嵌入版组态软件是昆仑通态公司专门开发的组态软件，主要完成现场数据的采集与监测，以及前端数据的处理与控制，基于 Windows 平台用于快速构造和生成上位机监控系统，实时多任务嵌入式的可运行于 Windows CE 操作系统的组态软件系统。

MCGS 组态软件由“MCGS 组态环境”和“MCGS 运行环境”两个系统组成。通过创建“MCGS”工程学习触摸屏编程软件的使用方法和操作步骤。

（1）工程建立。双击 Windows 操作系统桌面上的组态环境快捷方式，可打开嵌入版组态软件，然后按以下步骤建立通信工程。

① 单击文件菜单中“新建工程”选项，弹出“新建工程设置”对话框，TPC 类型选择为“TPC7062K”，单击“确认”按钮。MCGS 嵌入版生成的用户应用系统包括主控窗口、设备窗口、用户窗口、实时数据库和运行策略 5 个部分。每一个部分分别进行组态操作，完成不同的工作，具有不同的特性。说明如下：

- 主控窗口：是工程的主窗口或主框架。在主控窗口中可以放置一个设备窗口和多个用户窗口，负责调度和管理这些窗口的打开或关闭。主要的组态操作包括：定义工程的名称，编制工作菜单，设计封面图形，确定自动启动的窗口，设定动画刷新周期，指定数据库存盘文件名及存盘时间等。
- 设备窗口：是连接和驱动外部设备的工作环境。在该窗口内配置数据采集与控制输出设备，注册设备驱动程序，定义连接与驱动设备用的数据变量。
- 用户窗口：主要用于设置工程中的人机交互界面，诸如生成各种动画显示画面、报警输出、数据与曲线图表等。
- 实时数据库：是工程各个部分的数据交换与处理中心，它将 MCGS 工作的各个部分连接成一个有机的整体。在该窗口内定义不同类型和名称的变量，作为数据采集、处理、输出控制、动画连接及设备驱动的对象。
- 运行策略：主要完成工作运行流程的控制，包括编写控制程序（if...then 脚本程序），选用各种功能构件，如数据提取、定时器、配方操作、多媒体输出等。

② 选择文件菜单中的“工程另存为”菜单项，弹出文件保存窗口。

③ 在文件名一栏内输入“TPC 通信控制工程”，单击“保存”按钮，工程创建完毕。

（2）组态设置。

① 在工作台界面中单击“设备窗口”菜单，双击“设备窗口”图标进入，再单击工具条中的“工具箱”图标，打开“设备工具箱”。在可选设备列表中，双击“通用串口父设备”，再双击“三菱_FX 系列编程口”（与汇川 PLC 通用），界面会出现“通用串口父设备”“三菱_FX 系列编程口”的设备组态窗口，如图 3-15 所示。

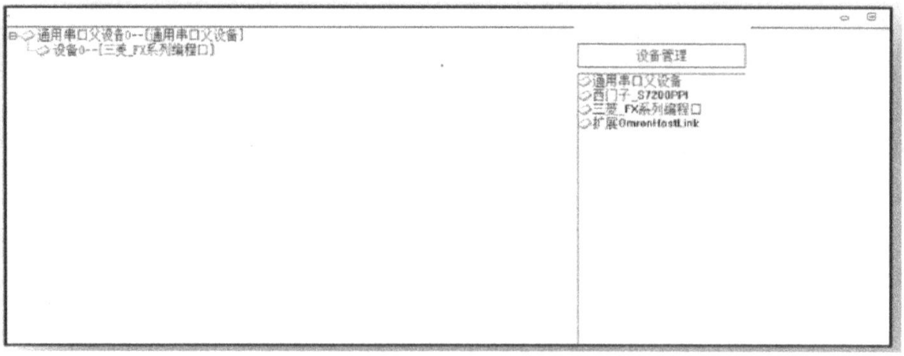

图 3–15　通信驱动选择

通用串口父设备属性设置。双击“通用串口父设备”，进入通用串口设备属性编辑窗口，设置项目如图 3–16 所示。

设备属性名	设备属性值
设备名称	通用串口父设备0
设备注释	通用串口父设备
初始工作状态	1 - 启动
最小采集周期(ms)	1000
串口端口号(1~255)	0 - COM1
通讯波特率	6 - 9600
数据位位数	0 - 7位
停止位位数	0 - 1位
数据校验方式	2 - 偶校验

图 3–16　通用串口设备属性编辑设置

设备属性值设置。双击“三菱_FX 系列编程口”，进入设备编辑窗口，设备属性值设置如图 3–17 所示。

设备属性名	设备属性值
[内部属性]	设置设备内部属性
采集优化	1-优化
设备名称	设备0
设备注释	三菱_FX系列编程口
初始工作状态	1 - 启动
最小采集周期(ms)	100
设备地址	0
通讯等待时间	200
快速采集次数	0
CPU类型	0 - FX0NCPU

图 3–17　设备属性值设置

增加设备通道，设置基本属性。单击“增加设备通道”按钮，弹出如图 3–18 所示的对话框。在“基本属性设置”选项卡中设置通道类型、通道地址、通道个数及读写方式等，设置完成后单击“确认”按钮。

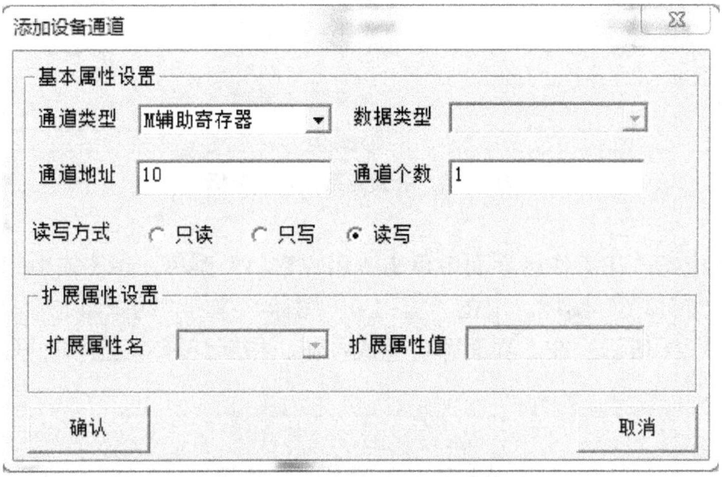

图 3–18 增加设备通道设置

连接变量名称设置。确认通道名称后，双击通道名称对应的“连接变量”，弹出“变量选择方式”对话框，在选择变量里输入“启动按钮”，单击“确认”按钮后，回到“添加设备通道”界面。连接变量名称设置结果如图 3–19 所示。

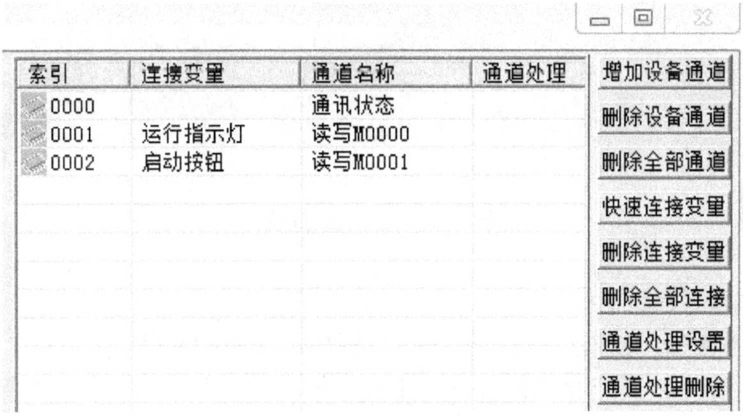

图 3–19 连接变量名称设置

重复以上两个步骤，完成所有通道名称与连接变量名称的设置后，单击“设备组态检查”按钮，再单击“确认”按钮，完成设置任务。其实，设置通道名称及连接变量的组态时也可以直接双击“启动按钮”，在“变量选择”对话框中选中“根据采集信息生成”，出现如图 3–20 所示的画面。设定后单击“确认”按钮，“通道名称”及“连接变量”的命名同时完成。

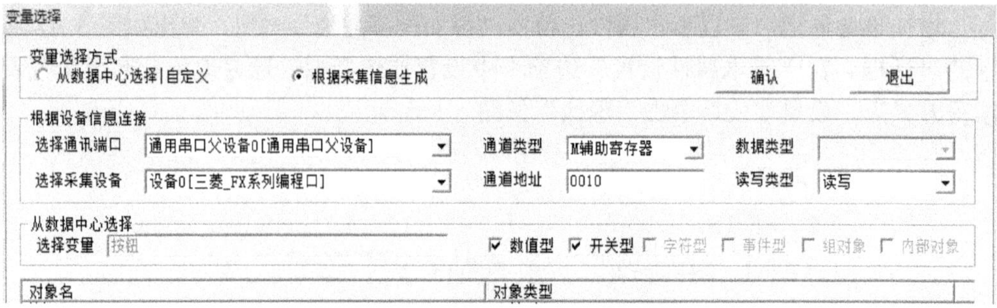

图 3-20　变量连接方式的选择

② 动画组态。在工作台界面中单击“用户窗口”菜单，单击右侧“新建窗口”按钮，弹出“窗口 0”图标。双击“窗口 0”图标，弹出“动画组态窗口 0”的编辑界面，如图 3-21 所示。在此界面即可完成按钮、指示灯等动画组态的设置。

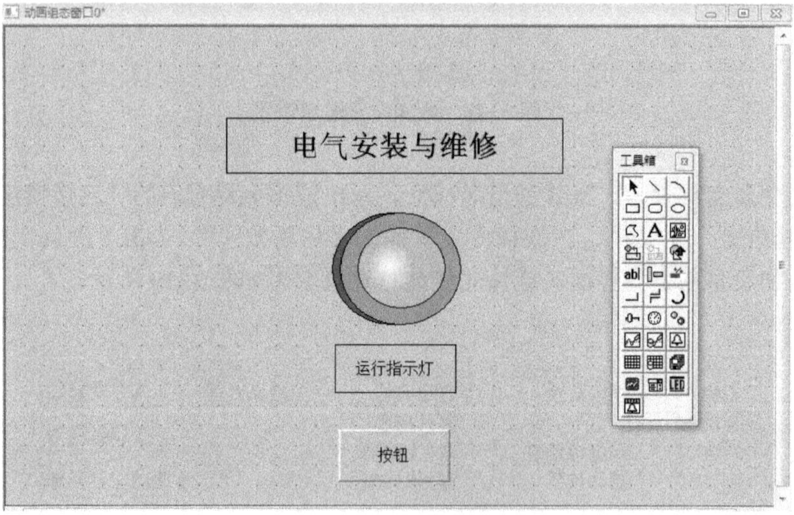

图 3-21　动画组态设置

（3）工程保存与下载。

① 工程保存。完成动画组态设置后，选择菜单栏中“文件”|“保存工程”或“工程另存为”命令，确定存盘位置及新工程的名称后，单击“保存”按钮即可，如图 3-22 所示。

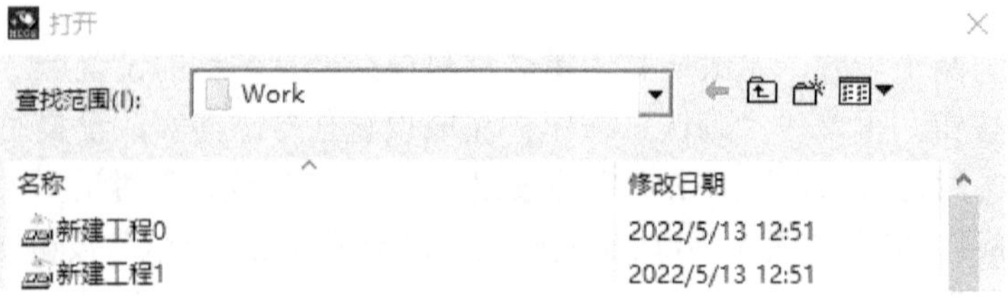

图 3-22　工程保存界面

② 工程下载。触摸屏程序编写完成后，只要选择菜单栏“工具”|“下载配置”|“连机运行”命令，并单击“工程下载”按钮即可开始下载程序，如图 3–23 所示。如果工程项目需要在计算机上模拟测试时，则选择“模拟运行”。

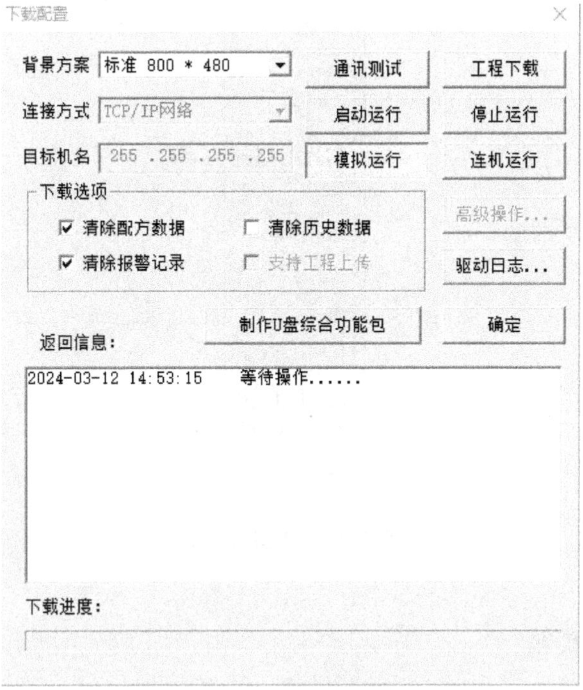

图 3–23　工程下载界面

（4）触摸屏画面制作基础。打开编程软件界面：双击计算机桌面图标，选择菜单“新建”|“新建工程设置”|“TPC 类型：”|“TPC7062K”命令，单击“确定”按钮，弹出“工作台”编程软件界面，如图 3–24 所示。单击该界面中的“用户窗口”菜单，单击右侧“新建窗口”按钮，弹出“窗口 0”图标，若需要创建多个用户窗口（多画面），就单击右侧“新建窗口”按钮若干次。

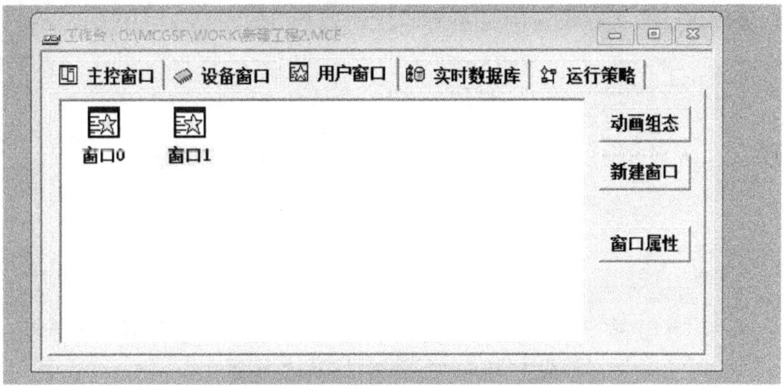

图 3–24　“工作台”编程软件界面

选中“窗口 0”图标，再单击右侧“动画组态”按钮，或直接双击“窗口 0”图标，弹出“动画组态窗口 0”编辑界面，选择“菜单”|“绘图工具箱”命令，弹出如图 3–25 所示的绘图工具箱，利用此工具箱就可以进行触摸屏画面的制作了。

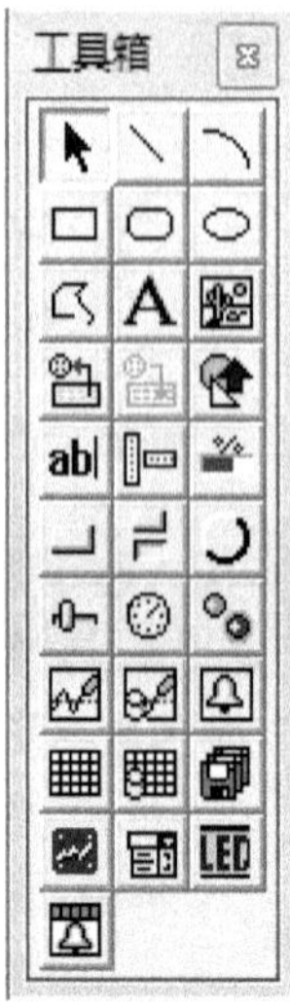

图 3–25　绘图工具箱

3.1.4.2　绘图工具箱

1. 标签

单击工具箱中标签 A 图标后，在窗口中拖出一个大小合适的矩形框。双击它，弹出“标签动画组态属性设置”对话框，如图 3–26 所示。此对话框包含有“属性设置”和“扩展属性”两个选项卡，可分别用于进行以下设置。

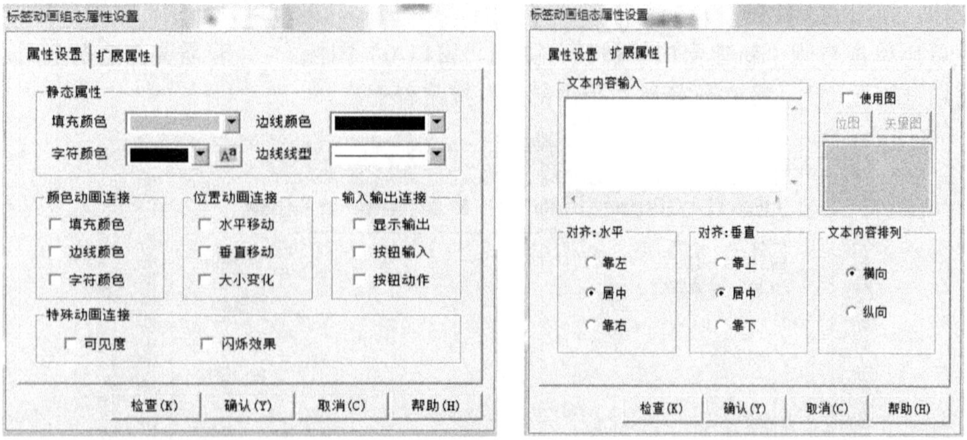

(a)“属性设置”选项卡　　　　(b)“扩展属性”选项卡

图 3–26　标签动画组态属性设置

① 属性设置：可进行填充颜色、边线颜色、字符颜色、边线线型等设置。

② 扩展属性：可进行文本水平、垂直、内容排列等设置。

文本内容输入“电气安装与维修技术”。属性设置好后，单击“检查”按钮进行组态检查，确认组态正确后，单击“确认”按钮，完成标签的制作。

2. 按钮

1）作启动或停止用

单击绘图工具箱中的“标准按钮”，在窗口中拖出一个大小合适的按钮。双击它，自动弹出“标准按钮构件属性设置”对话框，如图 3–27 所示。此对话框含有“基本属性”“操作属性”“脚本程序”“可见度属性”4 个选项卡。

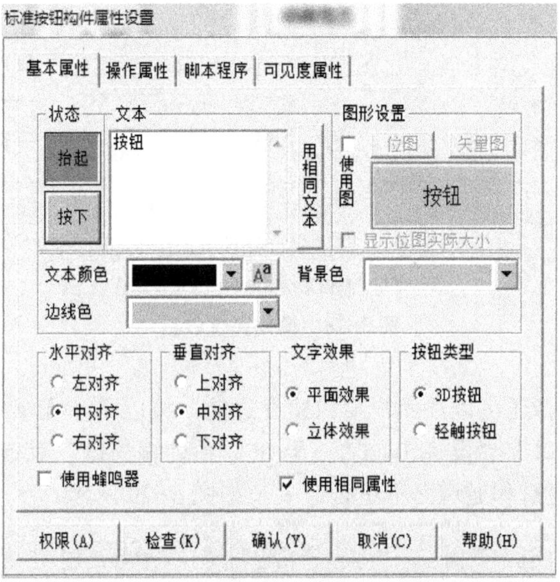

图 3–27　标准按钮构件属性设置界面

① 基本属性：无论是抬起还是按下状态，文本内容均设置为“按钮”。基本属性的设置对象还包括文本颜色、背景色、水平对齐、垂直对齐、文字效果、按钮类型等。

② 操作属性：选中“数据对象值操作”，选择多选项中的“按 1 松 0”；单击“？”按钮，弹出“变量选择”对话框。

变量选择方式可以采用“从数据中心选择|自定义”方式，如图 3–28（a）所示；或采用“根据采集信息生成”方式，如图 3–28（b）所示。

若选“从数据中心选择|自定义”方式，连接变量名为“按钮”，通道名称为“M0010”。

若选“根据采集信息生成”方式，则通道类型选“M 辅助寄存器”；通道地址填“M0010”；读写类型选“读写”。组态检查后，单击“确认”按钮，完成按钮的属性设置。此时连接变量名称自动生成为“设备 0 读写 M0010”。

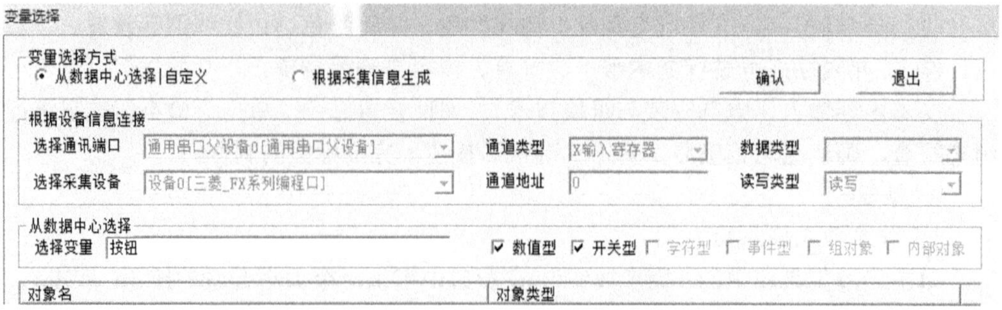

(a) 采用“从数据中心选择|自定义”选择变量

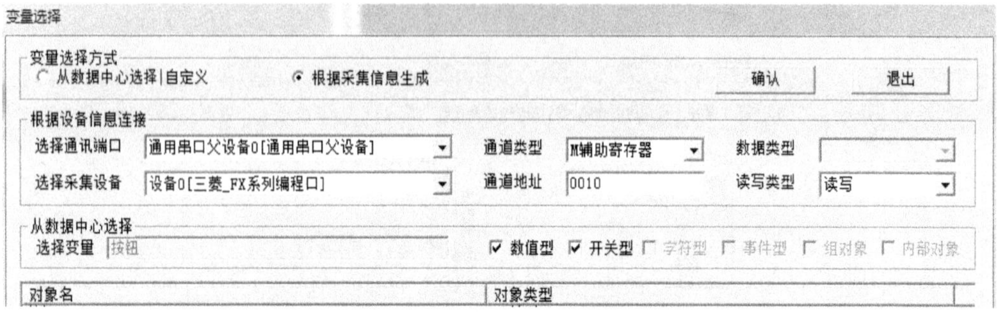

(b) 采用“根据采集信息生成”选择变量

图 3–28 操作属性设置

其实，变量选择还可以在用户窗口建立之前，按以下步骤事先设置好。

选择“设备窗口”“设备 0”|“三菱_FX 系列编程口”命令，弹出“设备编程窗口”，可对连接变量和通道名称进行命名，如图 3–29 所示。

图 3–29 变量设置界面

2）作切换画面用

作切换画面用的意思是：按下该“按钮”，触摸屏画面从该页面翻至指定的画面。其制作方法和步骤与上文作启动与停止用的按钮相似，不同之处如下。

① 基本属性：无论是抬起还是按下状态，文本内容都设置为“下一页”。基本属性的设置还包括文本颜色、背景色、水平对齐、垂直对齐、文字效果、按钮类型等。

② 操作属性：选中“打开用户窗口”，选“窗口 1”；选中“关闭用户窗口”，选“窗口 0”，组态检查正确后，单击“确认”按钮，完成属性设置，如图 3–30 所示。

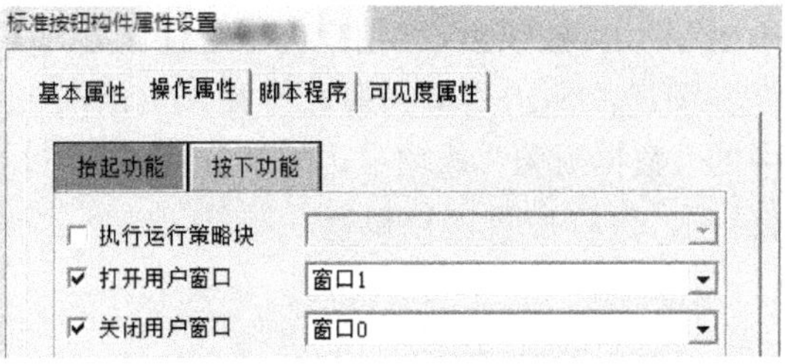

图 3–30　切换画面界面

3. 转换开关

转换开关常用于设备运行模式的选择，其制作方法与步骤如下。

① 单击绘图工具箱中的插入元件图标，弹出“对象元件管理”对话框，选择所要类型的切换开关，单击“确认”按钮后，在用户窗口界面上出现了开关图形。

② 双击“开关”图形，弹出“单元属性设置”对话框。

③ 单击对话框中的“数据对象”选项卡，先单击“按钮输入”右侧的“？”按钮，弹出“变量选择”对话框，进行变量连接设置；返回界面后，再次单击“可见度”右侧的“？”按钮（见图 3–31），同样弹出“变量选择”对话框，进行变量连接设置。

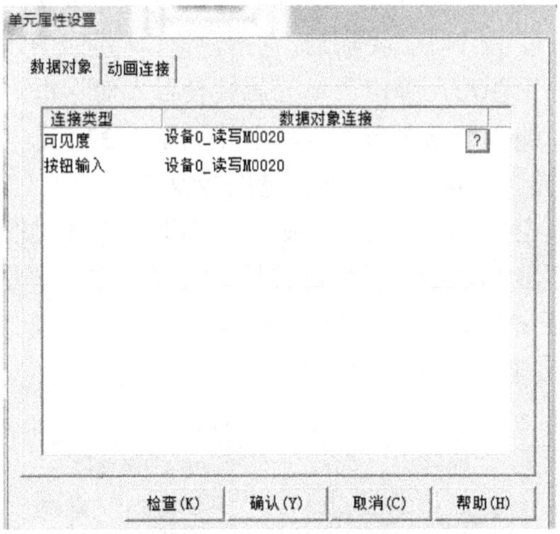

图 3–31　转换开关设置

④ 完成组态检查后，单击“确认”按钮，完成转换开关的制作。

运行时，按下“转换开关”，M0020=1；再按下“转换开关”，开关复位，M0020=0。

4. 指示灯的制作

指示灯常用于指示设备的运行状态、电动机的正反转、高速或低速运行、星形启动或三角形启动，还用于故障报警指示等。

1）可见度类型

① 单击绘图工具箱中的插入元件图标，弹出“对象元件管理”对话框，选择

所要类型的指示灯，单击“确认”按钮后，在用户窗口界面上出现了指示灯图形。

② 双击“指示灯”图形，弹出“单元属性设置”对话框。

③ 单击对话框中的“数据对象”选项卡，再单击右侧的“？”按钮（见图 3–32），弹出“变量选择”对话框，进行变量连接设置。

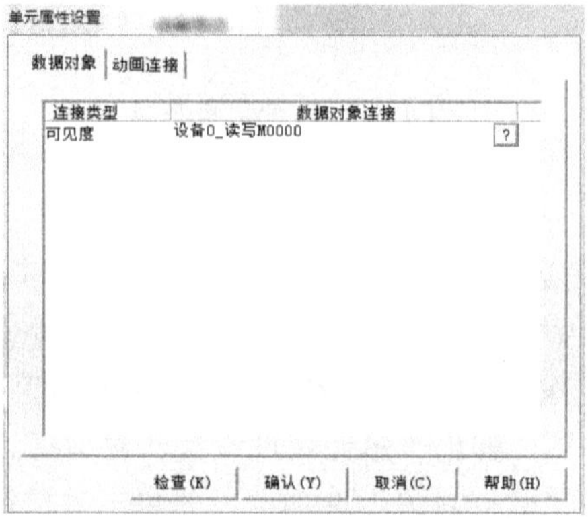

图 3–32 可见度设置

2）填充颜色类型

① 单击绘图工具箱中的插入元件图标，弹出“对象元件管理”对话框，选择所要类型的指示灯，单击“确认”按钮后，在用户窗口界面上出现了指示灯图形。

② 双击“指示灯”图形，弹出“单元属性设置”对话框。

③ 单击对话框中的“数据对象”选项卡［见图 3–33（a）］，再单击右侧的“？”按钮，弹出“变量选择”对话框，进行变量连接设置。

④ 返回界面，单击对话框中的“动画连接”选项卡［见图 3–33（b）］，再单击右侧的“>”按钮，弹出“动画组态属性设置”对话框。进行填充颜色设置，如图 3–33（c）所示。组态检查正确后，单击“确认”按钮即可。运行时，当 M0007=0 时，指示灯为红色；当 M0007=1 时，指示灯为绿色。

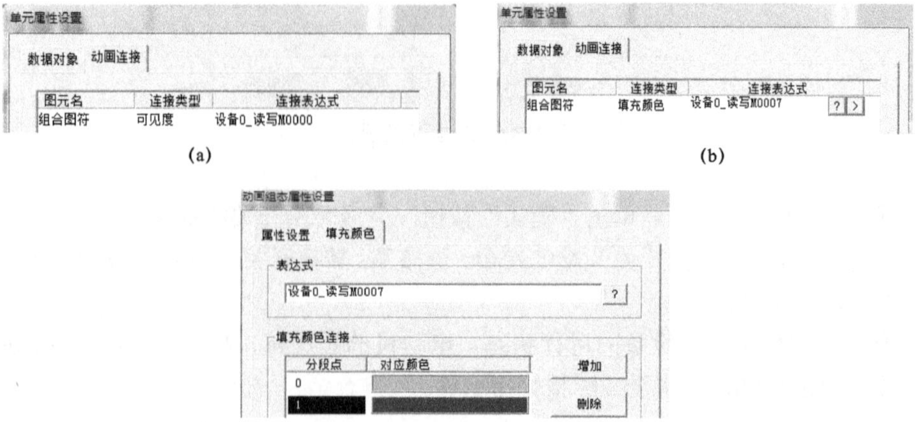

(a) (b) (c)

图 3–33 动画组态设置界面

5. 输入框的制作

输入框常用于设备加工次数、加工深度、加工时间、加工周期等参数的设定，其制作方法与步骤如下。

① 单击绘图工具箱中的输入框图标，在窗口中拖出一个大小合适的“输入框”图形。双击该图形，自动弹出“输入框构件属性设置”对话框。此对话框包括“基本属性”“操作属性”“可见度属性”3 个选项卡。

② 基本属性：设置输入框的背景颜色、字符颜色等。

③ 操作属性：单击对话框中的“操作属性”选项卡，再单击对应数据对象名称右侧的“？”按钮，弹出“变量选择”对话框，设定对应数据对象的名称为“设备 0_读写 DWUB0000”，如图 3-34 所示。

④ 组态检查后，单击“确认”按钮，完成输入框的制作。

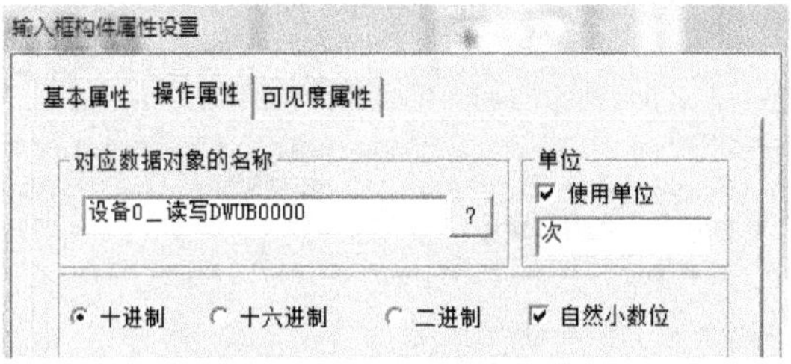

图 3-34　输入框制作界面

6. 输出框的制作

输出框常用于实时显示设备加工过程的情况，用文字或数值表达信息。

1）用标签作输出框

单击工具箱中标签 A 图标后，在窗口中拖出一个大小合适的矩形框。双击它，弹出“标签动画组态属性设置”对话框，如图 3-35 所示。选中输入输出连接选项中的“显示输出”，此时对话框包含“属性设置”“扩展属性”“显示输出”3 个选项卡。设置以下几项内容。

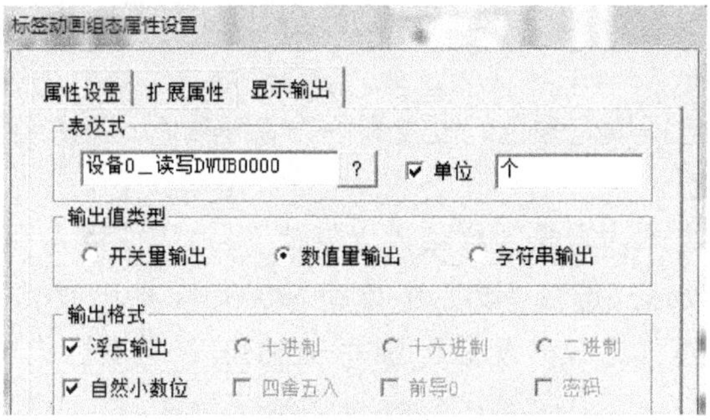

图 3-35　标签动画组态属性设置界面

① 属性设置：包括填充颜色、边线颜色、字符颜色、边线线型等设置。

② 扩展属性：此项一般不需要设置。

③ 显示输出：输出值类型设定为“数值量输出”；单位为“个”；表达式为“设备 0_读写 DWUB0000”。

④ 单击“检查”按钮进行组态检查，组态正确后，单击“确认”按钮，完成输出框的制作运行，触摸屏画面上输出框实时显示 C0 的个数，实现计数功能。

2）用多个标签 A 作输出框

用多个标签重叠而成的输出框可实时显示设备的运行状况，如用“停止”与“运行”，“无故障”与“故障保护”，“低速”“中速”“高速”，“10 Hz”“30 Hz”“50 Hz”“0 Hz”等文字或数值表达信息。其具体制作方法与步骤如下。

单击工具箱中标签 A 图标后，在窗口中拖出一个大小合适的矩形框。双击它，弹出“标签动画组态属性设置”对话框，选中输入输出连接选项中的“显示输出”，选中特殊动画连接选项中的“可见度”。此时，对话框包含“属性设置”“扩展属性”“显示输出”“可见度”4 个选项卡，如图 3-36 所示。

图 3-36 特殊动画连接设置界面

① 属性设置：包括填充颜色、边线颜色、字符颜色、边线线型等设置；选中“显示输出”和“可见度”。

② 扩展属性：文本内容输入栏填入“低速”（对应变量为 M30）。

③ 显示输出：表达式选择“设备 0_读写 M0030”；输出值类型为“开关量输出”。

④ 可见度：表达式选择“设备 0_读写 M0030”；当表达式非零时，选“对应图符可见”。

⑤ 组态检查，确认正确后单击“确认”按钮，完成“低速”输出框的制作。用同样的方法继续完成“中速”“高速”等状态（每一个状态对应一个变量）的输出框，然后把这些输出框重叠在一起，即完成输出框的制作过程。

运行时，当 M0030=1 时，输出框显示“低速”；当 M0030=0 时，输出框则不显示“低速”。

7. 滚动条的制作

在设备正常运行或发生故障时，触摸屏将设备发生的状况以字幕滚动的形式呈现在画面上，以提醒操作人员。滚动条的制作方法与步骤如下。

① 单击绘图工具箱中滚动条图标后，在窗口中拖出一个大小合适的矩形图形。双击它，弹出“走马灯报警属性设置”对话框，对话框中有“基本属性”选项卡，如图 3-37 所示。可进行字体、前景色、背景色及滚动等设置，显示报警对象选择“设备 0_读写 M0007”。

② 回到工作台界面，单击“实时数据库”选项卡，出现如图 3-38 所示的界面。

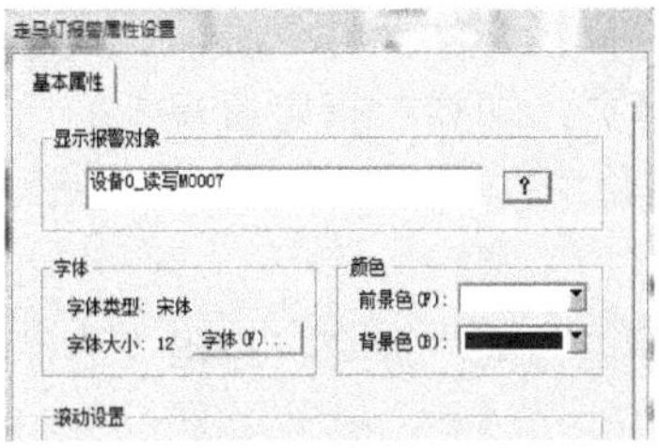

图 3-37　走马灯报警属性设置界面

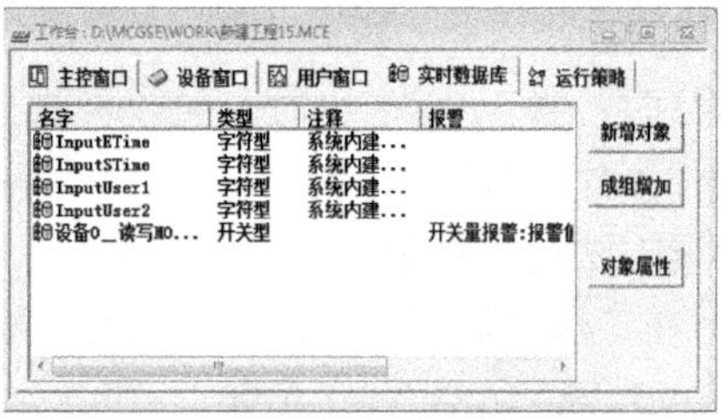

图 3-38　实时数据库显示界面

③ 选中“设备 0_读写 M0007　开关型”这一行后，再单击右侧“对象属性”按钮，或右击该行内容，在弹出的菜单中选择“属性”，或直接双击，均可弹出“数据对象属性设置”对话框，如图 3-39 所示。此对话框包含“基本属性”“存盘属性”“报警属性”3 个选项卡，可进行以下设置。

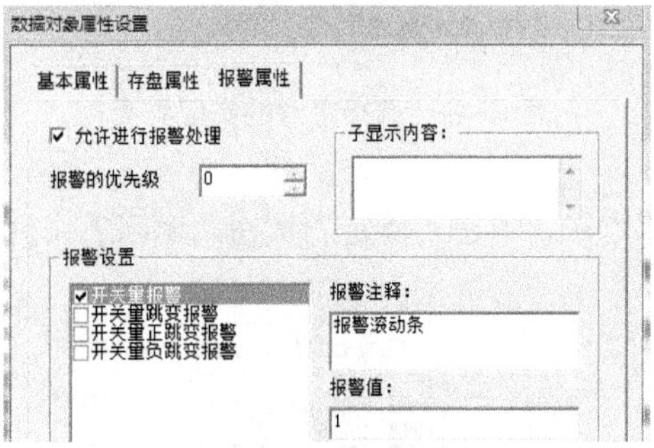

图 3-39　数据对象属性设置界面

基本属性：对象名称默认为“设备 0_读写 M0007”。

存盘属性：此项一般不需要设置。

报警属性：选中“允许进行报警处理”和报警设置中的“开关量报警”；报警注释栏中填写“报警滚动条”或其他内容（必须填写）；报警值填写“1”。

④ 组态检查确认正确后，单击“确认”按钮，完成滚动条的设置。运行时，当 M0007=1 时，“报警滚动条”字样开始滚动起来。

8. 画面自动翻页的制作

1）“循环脚本”法

若“窗口 1”为目标窗口，则在其他用户窗口的“用户窗口属性设置”对话框中，“循环脚本”选项卡下的编辑框内均编辑相同的脚本程序，如图 3–40 所示。

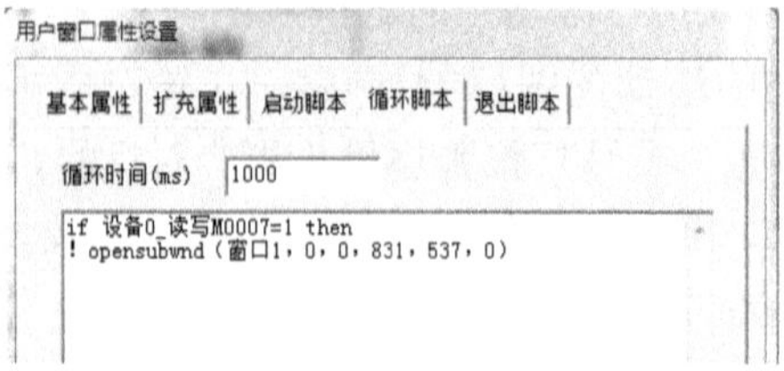

图 3–40　“循环脚本”设置界面

运行时，当 M0007=1 时，触摸屏画面自动翻页，切换至指定窗口 1。

2）“事件策略”法

设置方法与步骤如下。

① 在工作台界面中，选择“运行策略”|“新建策略”命令，弹出“选择策略的类型”对话框，如图 3–41 所示。

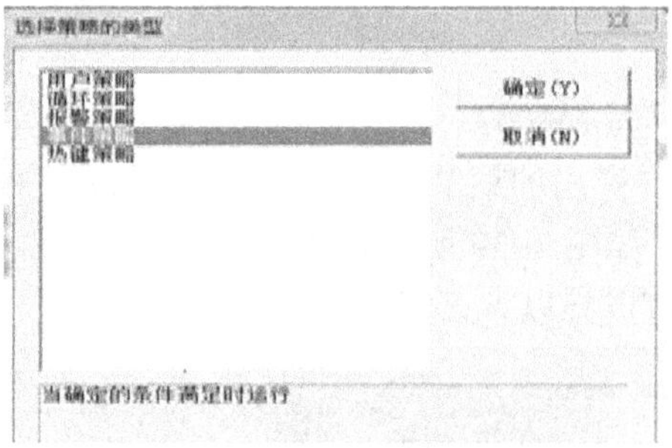

图 3–41　选择策略的类型界面

② 选中“事件策略”项，单击“确定”按钮，返回工作台界面，如图 3–42 所示。

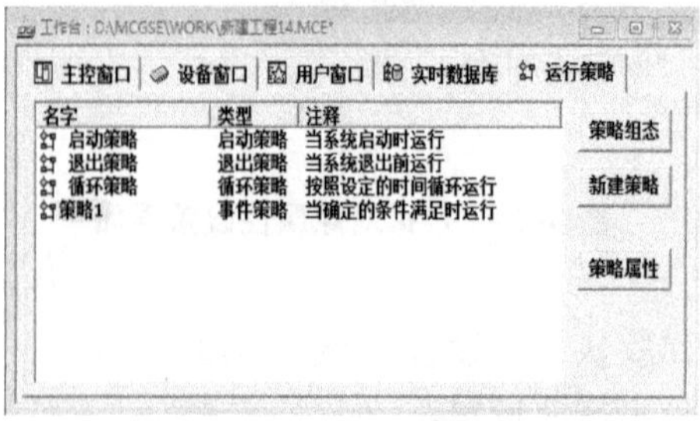

图 3–42　工作台界面

③ 单击“策略 1”，再单击“策略组态”按钮或直接双击“策略 1”，均可弹出如图 3–43 所示的对话框，进行策略组态的设置。

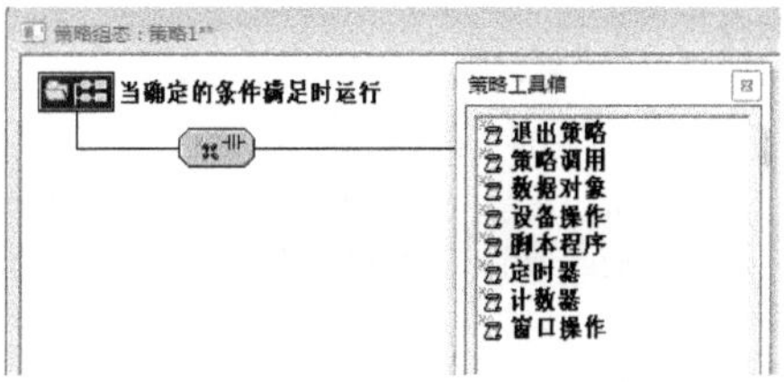

图 3-43　策略组态设置界面

④ 单击“策略 1”，再单击“策略属性”按钮，或右击图中的“当确定的条件满足时运行”，再在出现的菜单中单击“属性”菜单，均可弹出“策略属性设置”对话框，如 3-44 所示。

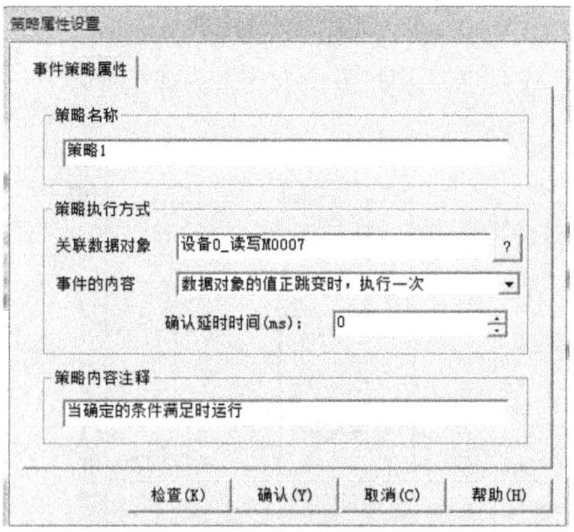

图 3-44　策略属性设置界面

⑤ 双击图标，弹出“表达式条件”对话框，如图 3-45 所示。设置表达式为“设备 0_读写 M0007”；条件设置为“表达式的值非 0 时条件成立”。

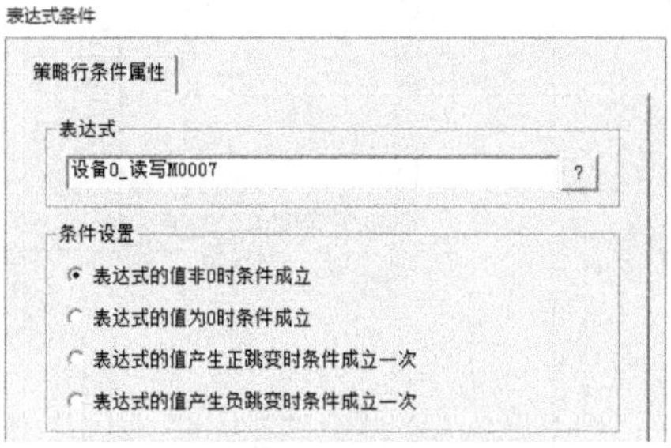

图 3-45　策略行条件属性界面

⑥ 选中图标，然后光标移至策略工具箱，双击“窗口操作”键，原图标变成新图标，双击它，弹出“窗口操作”对话框，如图 3-46 所示。打开窗口选“窗口 1”（目标窗口）；关闭窗口选“窗口 0”。

运行时，当 M0007=1 时，触摸屏画面自动翻页，切换至窗口 1。

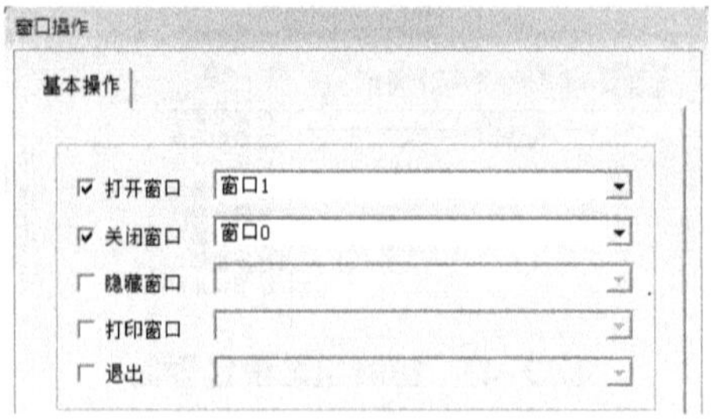

图 3-46　窗口操作界面

3.1.5　任务内容

根据自动往返线路的控制原理，设计出用 PLC 控制并且通过按钮与触摸屏均可控制的控制线路，接线完成后实现功能，如图 3-47 所示。

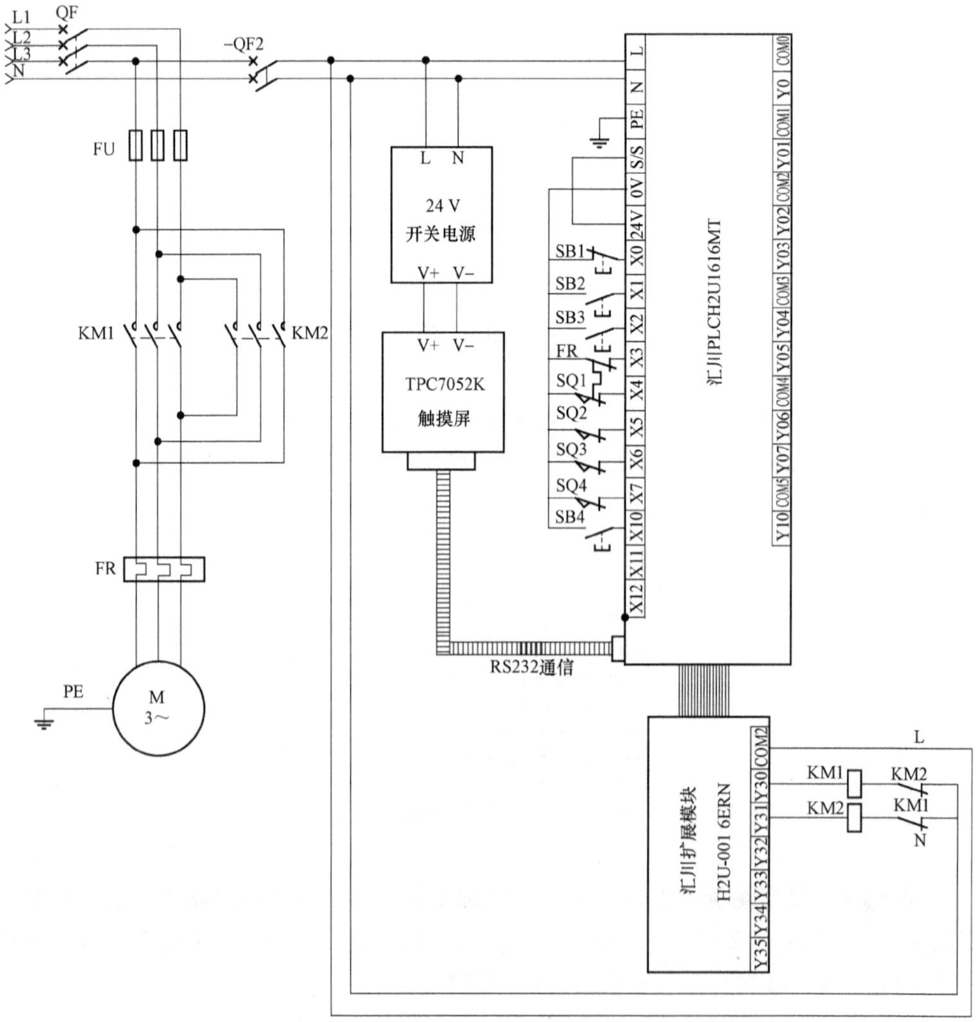

图 3-47　接线图

3.1.6　任务实施

1. 材料清单

材料清单见表 3-8。

表 3-8　材料清单

名称	规格	数量
三相异步电动机	YS5024	1
汇川 PLC 主模块	H2U-1616MT	1
汇川 PLC 拓展模块	H2U-0016ERN	1
PLC 通信线	RS-232	1
昆仑通态触摸屏	TPC7062K	1
塑壳开关	NM1-63S/3300 20 A	1
接触器	CJX2-0910/220 V	2
行程开关	YBLX-ME/8104	4
接线端子排	TB-1512	3
按钮	LA68B-EA35/45	启动 2 只（绿）、停止 1 只（红）
自动空气开关	DZ47LE-32	1

2. 工（量）具清单

剥线钳、压线钳、尖嘴钳、斜口钳、螺丝刀（“一”字、“十”字）、多用表测电笔。

3. 任务分工

任务分工见表 3-9。

表 3-9　任务分工表

任务名称	三相异步电动机自动往返控制线路安装与调试
组号	
组长	
组员	
成员分工	

4. 任务实施祥述

（1）I/O 地址分配表见表 3-10。

表 3–10 I/O 地址分配表

输入信号		输出信号	
停止按钮 SB1	X0	电动机正转 KM1	Y30
正转按钮 SB2	X1	电动机反转 KM2	Y31
反转按钮 SB3	X2		
热继电器 FR	X3		
行程开关 SQ1	X4		
行程开关 SQ2	X5		
行程开关 SQ3	X6		
行程开关 SQ4	X7		
急停按钮 SB4	X10		

（2）PLC 梯形图如图 3–48 所示。

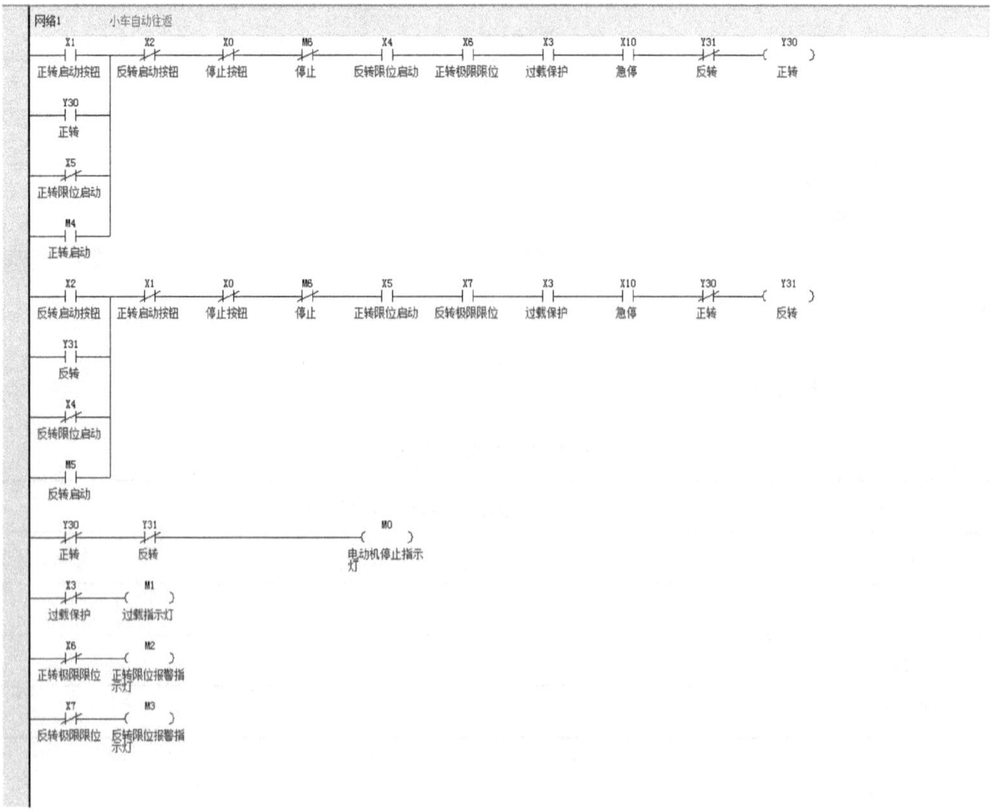

图 3–48 PLC 梯形图

（3）组态界面如图 3–49 所示。

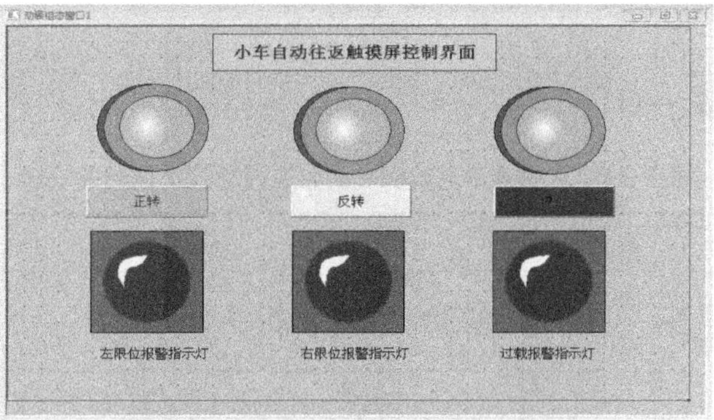

图 3–49　组态界面

（4）组态变量地址分配表如图 3–50 所示。

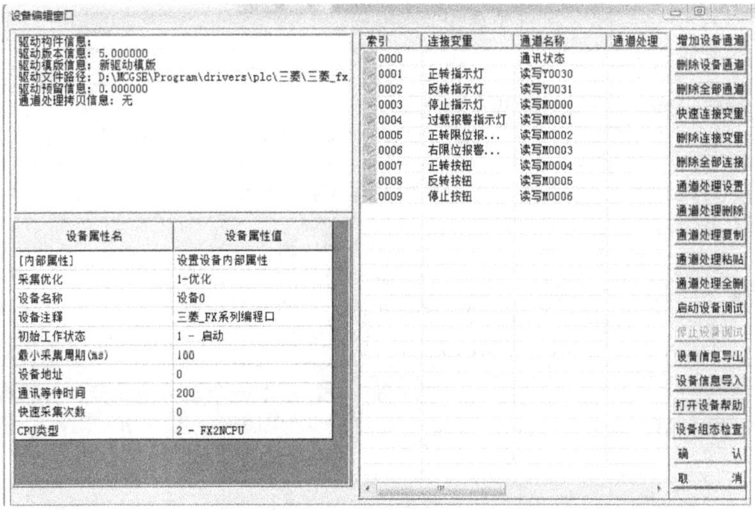

图 3–50　组态变量地址分配表

（5）组态变量实时数据库如图 3–51 所示。

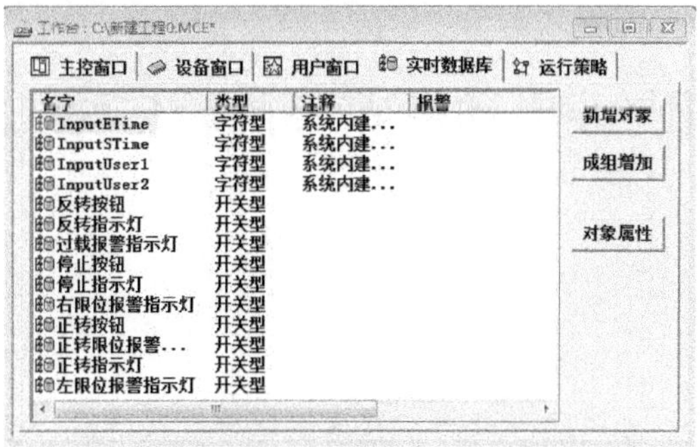

图 3–51　组态变量实时数据库

3.1.7 任务评价

任务评价见表 3–11。

表 3–11 三相异步电动机自动往返控制线路任务评价表

序号	内容	配分	评分标准	得分
1	电箱内主要器件选择	5	少用器件或用错器件，扣 1 分/件	
2	线路连接	30	（1）少接线，或多接线，或接错线，或接线不牢，或外露铜丝过长，扣 3 分/根； （2）中性线未通过接零排，或地线不经过地线排，扣 5 分/处； （3）由于接错线或接线工艺差引起电气控制电路部分跳闸，则该项不得分；如果引起整个设备跳闸，则该大项不得分	
3	接线工艺	25	（1）箱内连接的 BVR 线未入线槽，或未盖盖板，扣 1 分/处； （2）导线未用接线端子，或未编号，扣 1 分/处	
4	器件参数设置	5	未按要求设置参数或参数设置错误，扣 1 分/处	
5	设备功能调试	25	（1）操作不正确，扣 3 分/处； （2）不能启动设备运行，该项不得分； （3）操作正确时功能不符合设备要求，扣 3 分/处；如果是接线错误造成的，则还需要扣线路连接分	
6	安全操作规程	5	符合要求得 5 分，基本符合要求得 3 分，一般得 1 分（有严重违规可以一项否决，如不听劝阻，可终止操作）	
7	工具、耗材摆放、废料处理	3	根据情况，符合要求得 3 分，有 2 处错误得 1 分，有 2 处以上错误得 0 分	
8	工位整洁	2	根据情况，做到得 2 分，未做到扣 2 分	

任务 3.2 三相异步电动机Y–△降压启动线路安装与调试

3.2.1 思政目标

（1）通过引导学生参与项目设计、方案优化等实践活动，激发他们的创新热情，培养他们的创新意识。

（2）培养学生的团队合作精神和沟通能力，使他们能够在团队中发挥自己的优势，为团队的成功做出贡献。

（3）引导学生关注国家发展战略和行业需求，将个人发展与国家发展紧密结合起来，为实现中华民族伟大复兴的中国梦贡献自己的力量。

3.2.2　知识目标

（1）能够根据工作任务要求完成对三相异步电动机Y-△降压启动线路的安装与调试。

（2）能够熟练掌握 PLC 汇川 H2U 系列 PLC 与触摸屏之间的通信。

（3）能够正确使用电工工具，按照施工要求，团队协作完成三相异步电动机Y-△降压启动线路的安装与调试。

3.2.3　技能目标

（1）能够根据工作任务要求完成对三相异步电动机自动往返线路的安装与调试。

（2）能够熟练掌握 PLC 汇川 H2U 系列 PLC 与触摸屏之间的通信。

（3）能够正确使用电工工具，按照施工要求，团队协作完成三相异步电动机自动往返线路的安装与调试。

3.2.4　知识链接

1. 降压启动

生产中的电动机，特别是大功率电动机启动时会对电网电压造成冲击，因电流和电压成正比，启动时可采用降低定子绕组上的电压的方式，通过降低电压、减小启动电流，从而达到减小对电网电压的影响，待转速上升后再将电压恢复到额定值，使电动机在正常电压下运行。

三相异步电动机若满足下述 3 个条件中的一个，就可以降压启动。

（1）电动机额定容量≥10 kW。

（2）电动机额定容量≥专用电源变压器容量的 20%。

（3）满足经验公式

$$I_{st}/I_N \geqslant 3/4+S/(4P_N)$$

式中：I_{st}——电动机启动电流，A；

I_N——电动机额定电流，A；

S——电源容量，kV · A；

P_N——电动机额定功率，kW。

三相异步电动机常用的减压启动方法有Y-△减压启动、定子绕组串电阻减压启动、自耦变压器减压启动、软启动控制等。

2. Y-△降压启动

Y-△降压启动：启动时三相定子绕组接成星形连接，待转速接近稳定时改接成三角形连接（正常工作时的连接方式）。这样，启动电压只有正常工作时的 1/3，接成星形启动时的线路电流只有接成三角形时线路电流的 1/3。由于启动转矩正比于定子电压，启动转矩也要降低到正常运行时的 1/3，因此，这种启动方法只适用于空载或轻载启动。凡是在正常运行时定子绕组作△形连接的鼠笼式三相异步电动机，均可采用这种降压启动方法。图 3-52 为接线盒内接线图。

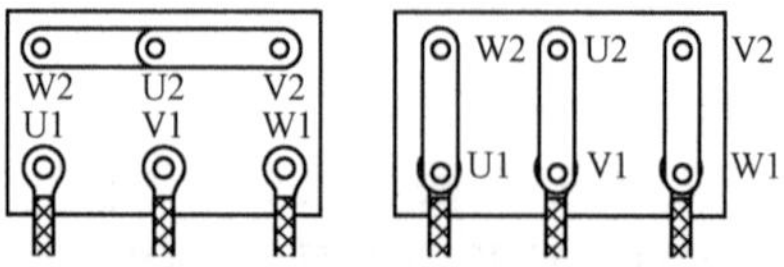

图 3-52　接线盒内接线图

时间继电器自动控制Y-△降压启动电路图如图 3-53 所示。

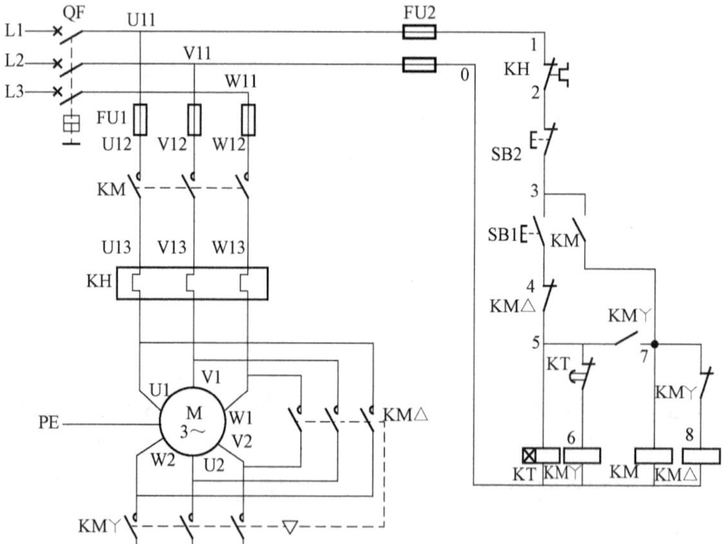

图 3-53　时间继电器自动控制Y-△降压启动电路图

工作原理如下：闭合开关 QF，按下启动按钮 SB2，接触器 KM、KMY和时间继电器 KT 的线圈全部得电，接触器 KM、KMY的主触点闭合，电动机Y接运行；延时一段时间后，KT 延时断开触点动作，接触器 KMY线圈失电，KM△线圈得电，KT 线圈失电，接触器 KM△主触头闭合，电动机△接运行。按下停止按钮 SB1，接触器 KM1、KM2 线圈立刻失电，KM、KMY、KM△和 KT 的各个触点复位，电动机停止转动。

3.2.5　任务内容

根据Y-△降压启动控制线路的控制原理，设计出用 PLC 控制并且通过按钮与触摸屏均可控制的Y-△降压启动控制线路，接线完成后实现功能，如图 3-54 所示。

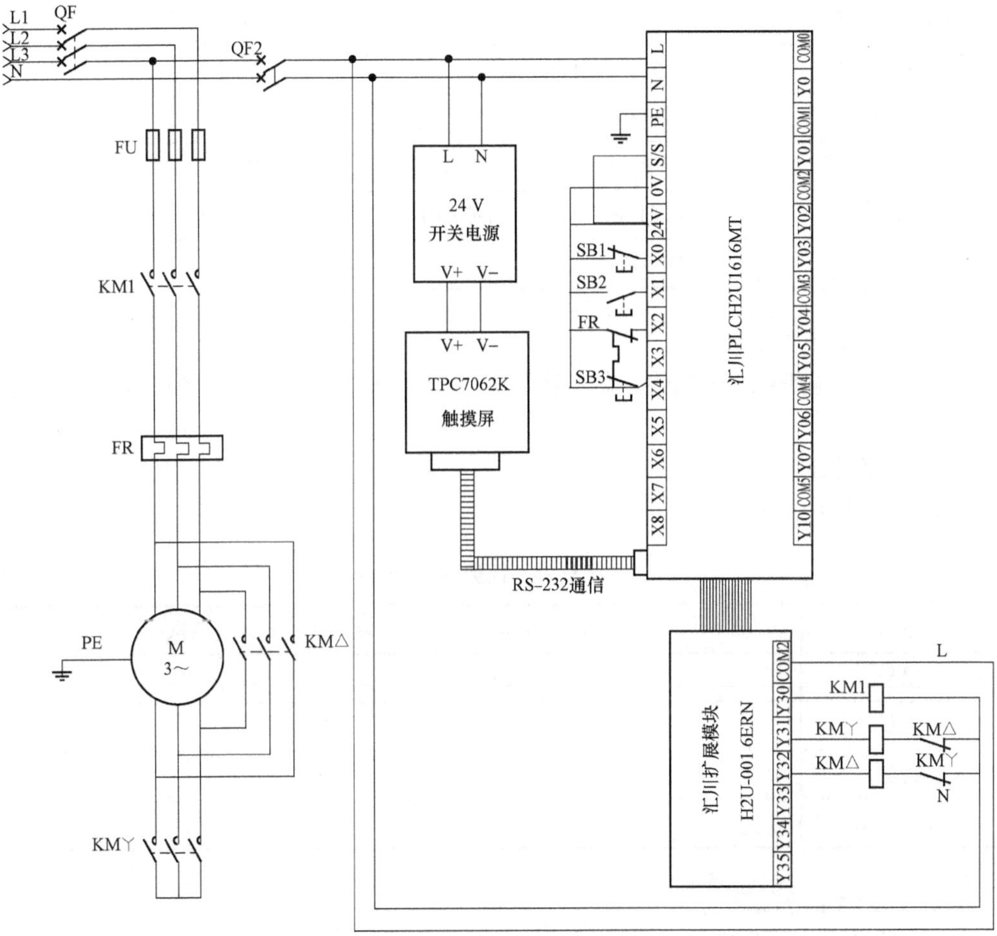

图 3-54　PLC 控制Y-△降压启动电气接线图

3.2.6　任务实施

1. 材料清单

材料清单见表 3-12。

表 3-12　材料清单表

名称	规格	数量
三相异步电动机	YS5024	1
汇川 PLC 主模块	H2U-1616MT	1
汇川 PLC 扩展模块	H2U-0016ERN	1
PLC 通信线	RS-232	1
昆仑通态触摸屏	TPC7062K	1
塑壳开关	NM1-63S/3300 20 A	1
接触器	CJX2-0910/220 V	3
接线端子排	TB-1512	3
按钮	LA68B-EA35/45	启动 1 只（绿）、停止 1 只（红）、急停 1 只（红）
自动空气开关	DZ47LE-32	1

2. 工（量）具清单

剥线钳、压线钳、尖嘴钳、斜口钳、螺丝刀（“一”字、“十”字）、多用表、测电笔。

3. 任务分工

任务分工见表 3-13。

表 3-13　任务分工表

任务名称	三相异步电动机Y-△降压启动线路安装与调试
组号	
组长	
组员	
成员分工	

4. I/O 地址分配表

I/O 地址分配表见表 3-14。

表 3-14　I/O 地址分配表

输入信号		输出信号	
停止按钮 SB1	X0	接触器 KM	Y30
启动按钮 SB2	X1	接触器 KMY	Y31
热继电器 FR	X2	接触器 KM△	Y32
急停按钮 SB3	X4		

5. PLC 梯形图

PLC 梯形图如图 3-55 所示。

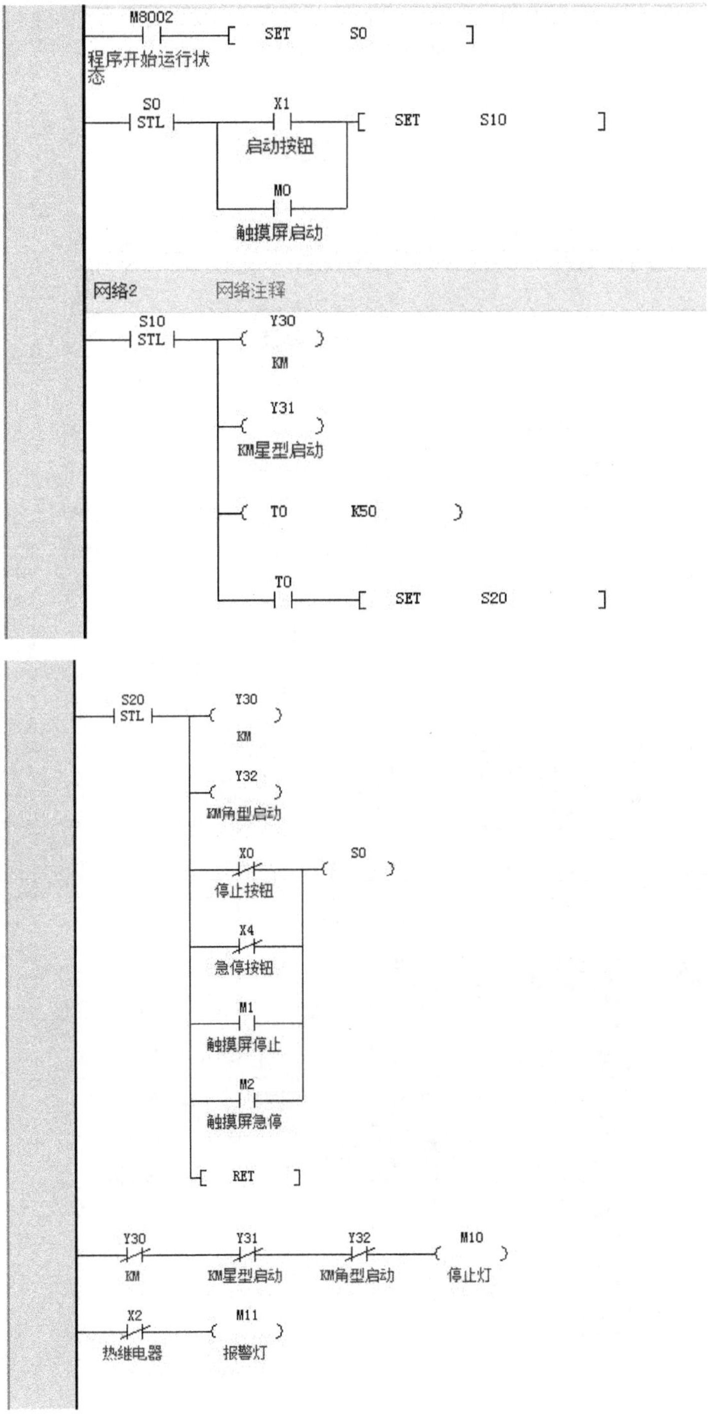

图 3-55　PLC 梯形图

6. 组态界面

组态界面如图 3-56 所示。

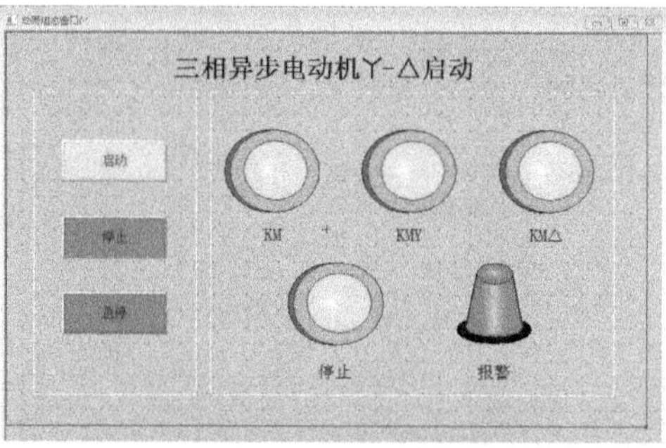

图 3-56 组态界面

7. 组态变量地址分配表

组态变量地址分配表如图 3-57 所示。

图 3-57 组态变量地址分配表

3.2.7 任务评价

任务评价见表 3-15。

表 3-15 任务评价表

序号	内容	配分	评分标准	得分
1	电箱内主要器件选择	5	少用器件或用错器件，扣 1 分/件	
2	线路连接	30	（1）少接线，或多接线，或接错线，或接线不牢，或外露铜丝过长，扣 3 分/根； （2）中性线未通过接零排，或地线不经过地线排，扣 5 分/处； （3）由于接错线或接线工艺差引起电气控制电路部分跳闸，则该项不得分；如果引起整个设备跳闸，则该大项不得分	
3	接线工艺	25	（1）箱内连接的 BVR 线未入线槽，或未盖盖板，扣 1 分/处； （2）导线未用接线端子，或未编号，扣 1 分/处	
4	器件参数设置	5	未按要求设置参数或参数设置错误，扣 1 分/处	
5	设备功能调试	25	（1）操作不正确，扣 3 分/处； （2）不能启动设备运行，该项不得分； （3）操作正确时功能不符合设备要求，扣 3 分/处；如果是接线错误造成的，则还需要扣线路连接分	
6	安全操作规程	5	符合要求得 5 分，基本符合要求得 3 分，一般得 1 分（有严重违规可以一项否决，如不听劝阻，可终止操作）	
7	工具、耗材摆放、废料处理	3	根据情况，符合要求得 3 分，有 2 处错误得 1 分，有 2 处以上错误得 0 分	
8	工位整洁	2	根据情况，做到得 2 分，未做到扣 2 分	

任务 3.3 双速异步电动机变速控制线路安装与调试

3.3.1 思政目标

（1）使学生深刻理解从事电动机安装调试工作的职业责任和职业道德。

（2）引导学生关注电动机技术的发展动态，激发学生对新技术、新工艺的探索和创新精神。

（3）提高学生的综合素质，包括沟通能力、解决问题能力、团队协作能力等。

3.3.2 知识目标

（1）掌握双速电动机调速线路的工作原理。

（2）掌握汇川 H2U 系列 PLC 的工作原理，以及外部接线及编程方法。

（3）掌握昆仑通态触摸屏的外部接线及使用方法。

3.3.3 技能目标

（1）能够根据工作任务要求完成对双速电动机调速线路的安装与调试。

（2）能够熟练掌握 PLC 汇川 H2U 系列 PLC 与触摸屏之间的通信。

（3）能够正确使用电工工具，按照施工要求，团队协作完成双速电动机调速线路的安装与调试。

3.3.4 知识链接

1. 三相双速异步电动机

变极调速是一种通过改变定子绕组极对数来实现转子转速调节的调速方式。在一定电源频率下，由于同步转速 $n_0=60f/p$ 与极对数成反比，因此，改变定子绕组极对数便可以改变转子转速。

改变定子的极对数，通常采用改变定子绕组连接的方法来实现。双速电机的变速采用改变绕组的连接方式，也就是说，用改变电机旋转磁场的磁极对数来改变它的转速。三相双速异步电动机的定子绕组有两种接法：Y/YY接变极调速和△/YY接变极调速。Y/YY接变极调速属于恒转矩调速方式，适用于恒转矩负载；△/YY接变极调速属于近似恒功率调速方式，适用于恒功率负载。本书重点介绍△/YY接变极调速。

三相双速异步电动机定子绕组连接方法如下。

双速异步电动机低、高速的变换，是通过改变定子绕组的接法来实现的，如图 3−58 所示，图中三相定子绕组接成△，由 3 个连接点接出 3 个出线端 U1、V1、W1，从每相绕组的中点各接出一个出线端 U2、V2、W2，这样定子绕组共有 6 个出线端。通过改变这 6 个出线端与电源的连接方式，就可以得到两种不同的转速。

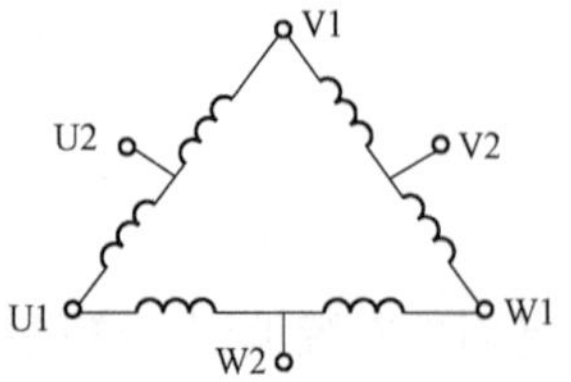

图 3−58 三相双速异步电动机 6 个接线端的引线方式

（1）电动机在低速工作时，将电动机定子绕组接成△接法，即把三相电源分别接至定子绕组△连接顶点出线端 U1、VI、W1 上，另外 3 个出线端 U2、V2、W2 空着不接，如图 3–59（a）所示，此时电动机定子绕组的磁极为 4 极，同步转速为 1 500 r/min，电动机处于低速运行。

（2）当电动机高速工作时，将电动机定子绕组接成YY接法，即把 3 个出线端 U1、V1、W1 并接在一起，另外 3 个出线端 U2、V2、W2 分别接到三相电源上，如图 3–59（b）所示，这时电动机定子绕组的磁极为 2 极，同步转速为 3 000 r/min，电动机处于高速运行。对于采用△/YY接法的双速异步动机，它高速运转时的转速是低速运转转速的两倍。

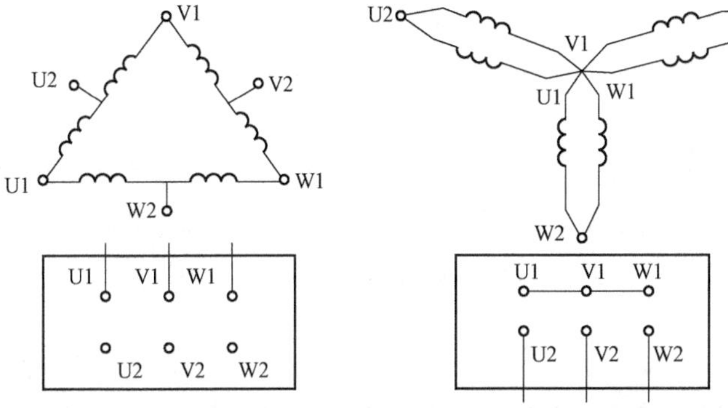

(a) 低速（4 极）–△接法　　(b) 高速（2 极）–YY接法

图 3–59　双速异步电动机三相定子绕组△/YY接线图

按钮和时间继电器控制双速异步电动机变速控制线路如图 3–60 所示。

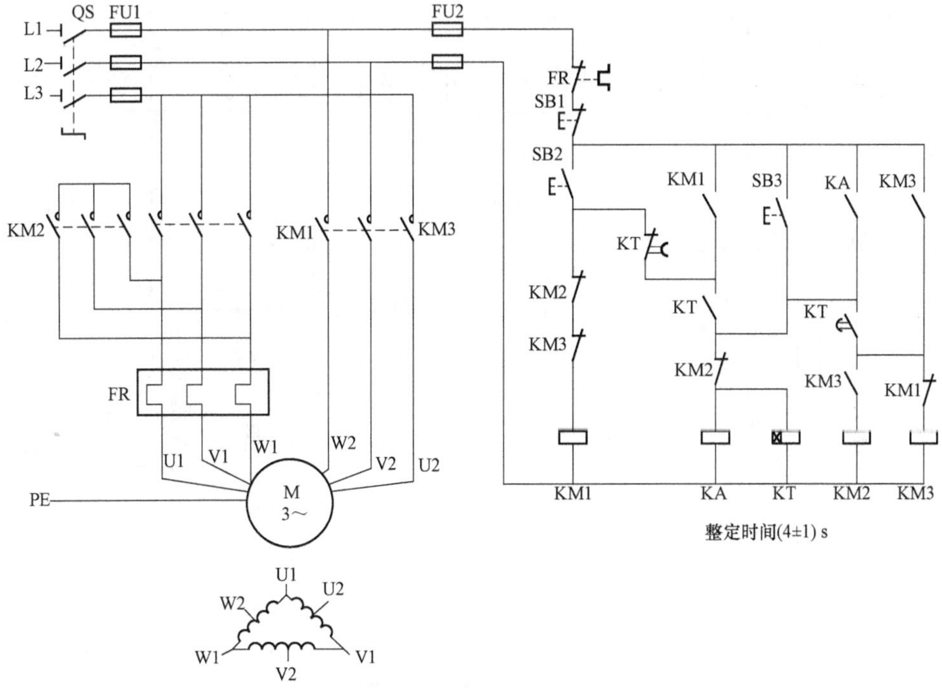

图 3–60　按钮和时间继电器控制双速异步电动机变速控制线路

2. 双速电机工作原理

低速启动：按下启动按钮 SB2，交流接触器 KM1 线圈回路通电并自锁，KM1 主触头闭合，为电动机引进三相电源，L1 接 U1、L2 接 V1、L3 接 W1；U2、V2、W2 悬空。电动机在△（三角形）接法下运行，此时电机 p=2，n=1 500 r/min。

高速启动：按 SB3 按钮，中间继电器 KA 和时间继电器 KT 得电，并且 KT 瞬动触电闭合，控制 KA 和 KT 线圈自锁。经过 4 s 之后，KT 延时断开点控制 KM1 低速接触器失电，KT 的延时闭合点控制 KM3 和 KM2 吸合，并且利用 KM3 接触器的常开点保持自锁。现在是高速YY（双星形）接法下运行，此时电机 p=1，n=3 000 r/min。

3.3.5 任务内容

对三相双速电动机 YS502/4 进行控制。控制要求：分为调试模式和运行模式。调试模式可分别调试双速的高、低转速。运行模式：当电动机低速时运行 500 s 后，高速运行 500 s，停止。只运行一次。接线原理图如图 3-61 所示。

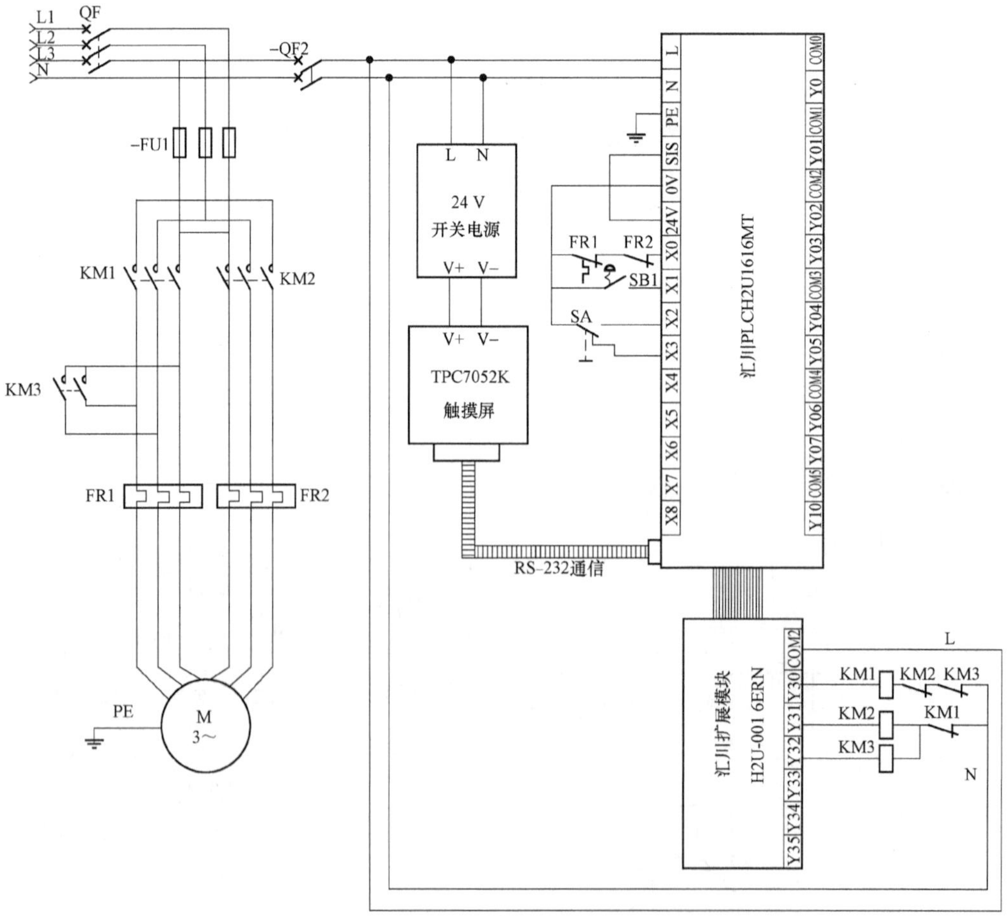

图 3-61　接线原理图

3.3.6 任务实施

1. 材料清单

材料清单见表 3–16。

表 3–16　材料清单表

名称	规格	数量
三相异步电动机（双速）	YS502/4	1
汇川 PLC 主模块	H_2U–1616MT	1
汇川 PLC 拓展模块	H_2U–0016ERN	1
PLC 通讯线	RS–232	1
昆仑通泰触摸屏	TPC7062Ti	1
塑壳开关	NM1–63S/3300 20A	1
接触器	CJX2–0910/220V	3
接线端子排	TB–1512	3
按钮	LA68B–EA35/45	急停 1 只（红）
转换开关	SB2–ED25	1
自动空气开关	DZ47LE–32	1

2. 工（量）具清单

剥线钳、压线钳、尖嘴钳、斜口钳、螺丝刀（“一”字、“十”字）、多用表、测电笔。

3. 任务分工

任务分工见表 3–17。

表 3–17　任务分工表

任务名称	双速异步电动机变速控制线路安装与调试
组号	
组长	
组员	
成员分工	

4. 任务实施详述

（1）I/O 地址分配表见表 3–18。

表 3-18　I/O 地址分配表

输入信号		输出信号	
热继电器 FR	X0	低速接触器 KM1	Y30
急停按钮 SB1	X1	高速接触器 KM2	Y31
转换开关 SA	X2	高速接触器 KM3	Y32
	X3		

（2）PLC 梯形图如图 3-62 所示。

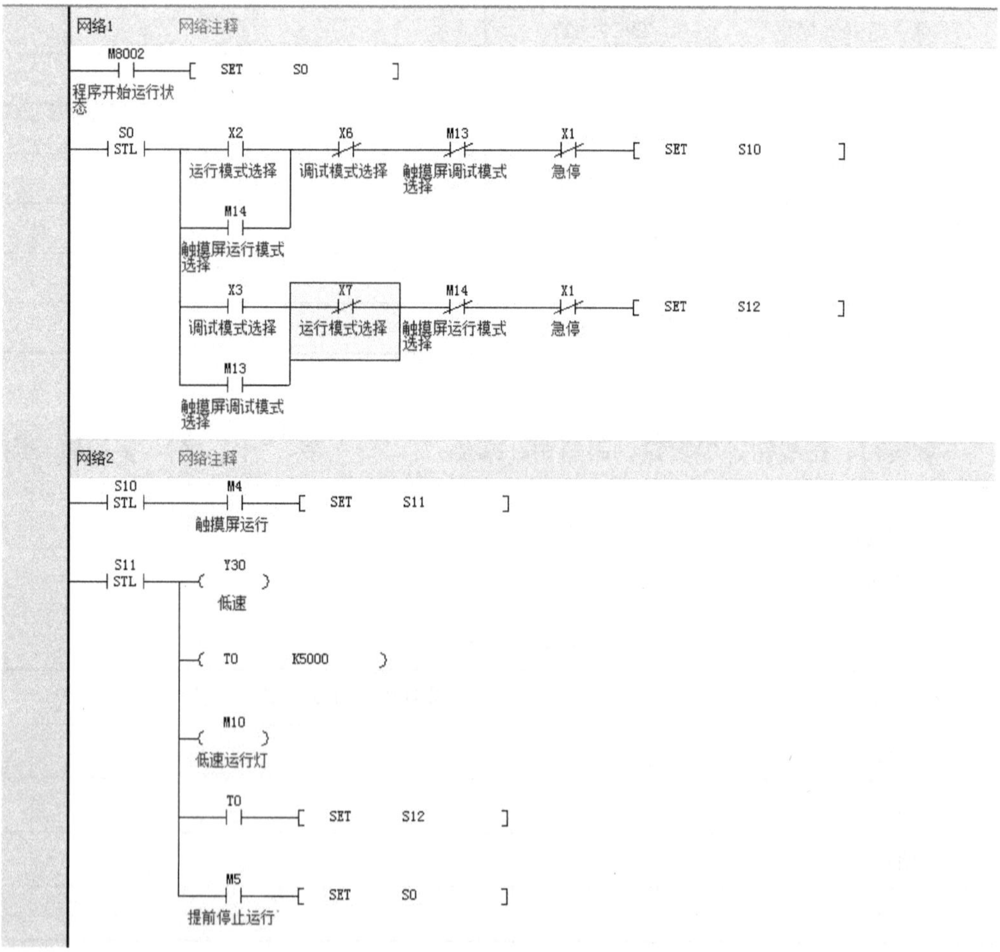

图 3-62　PLC 梯形图

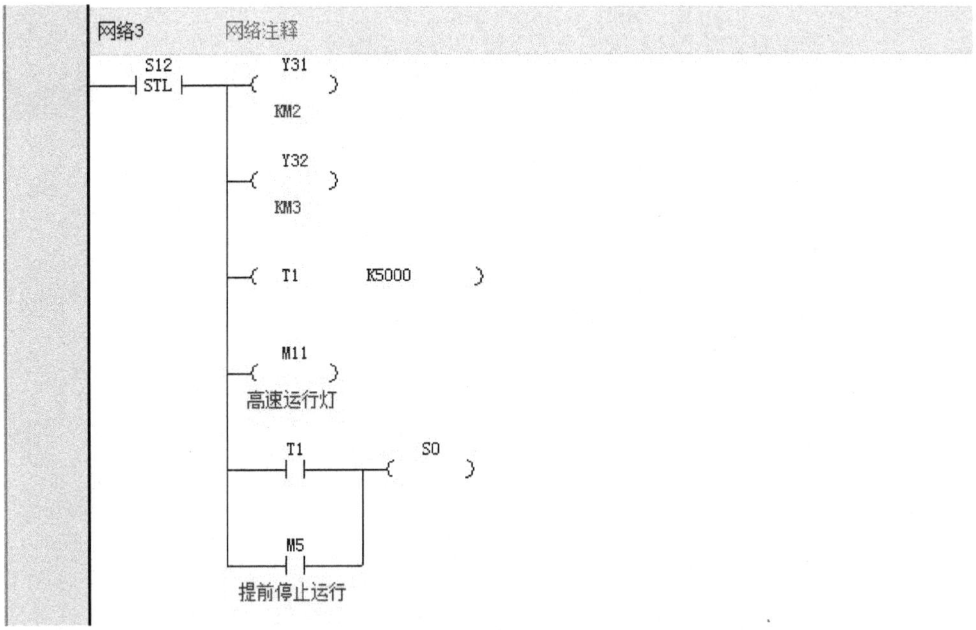

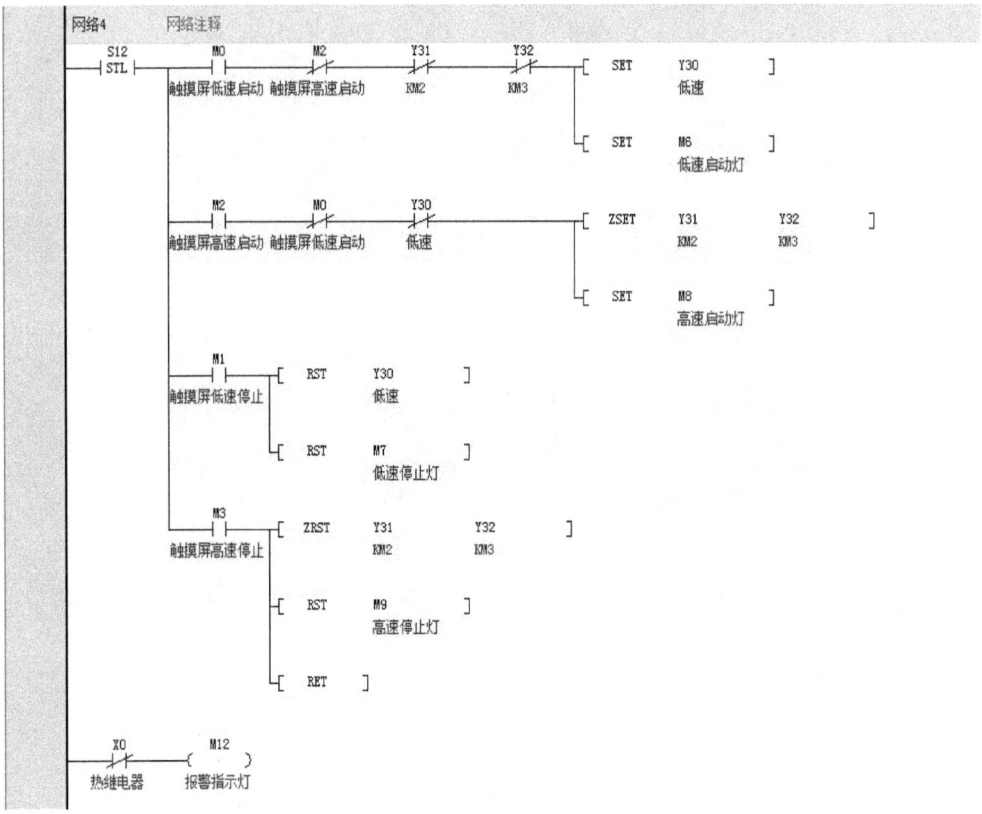

图 3-62　PLC 梯形图（续）

（3）组态界面如图 3-63 所示。

图 3-63　组态界面图

（4）组态变量地址分配表如图 3-64 所示。

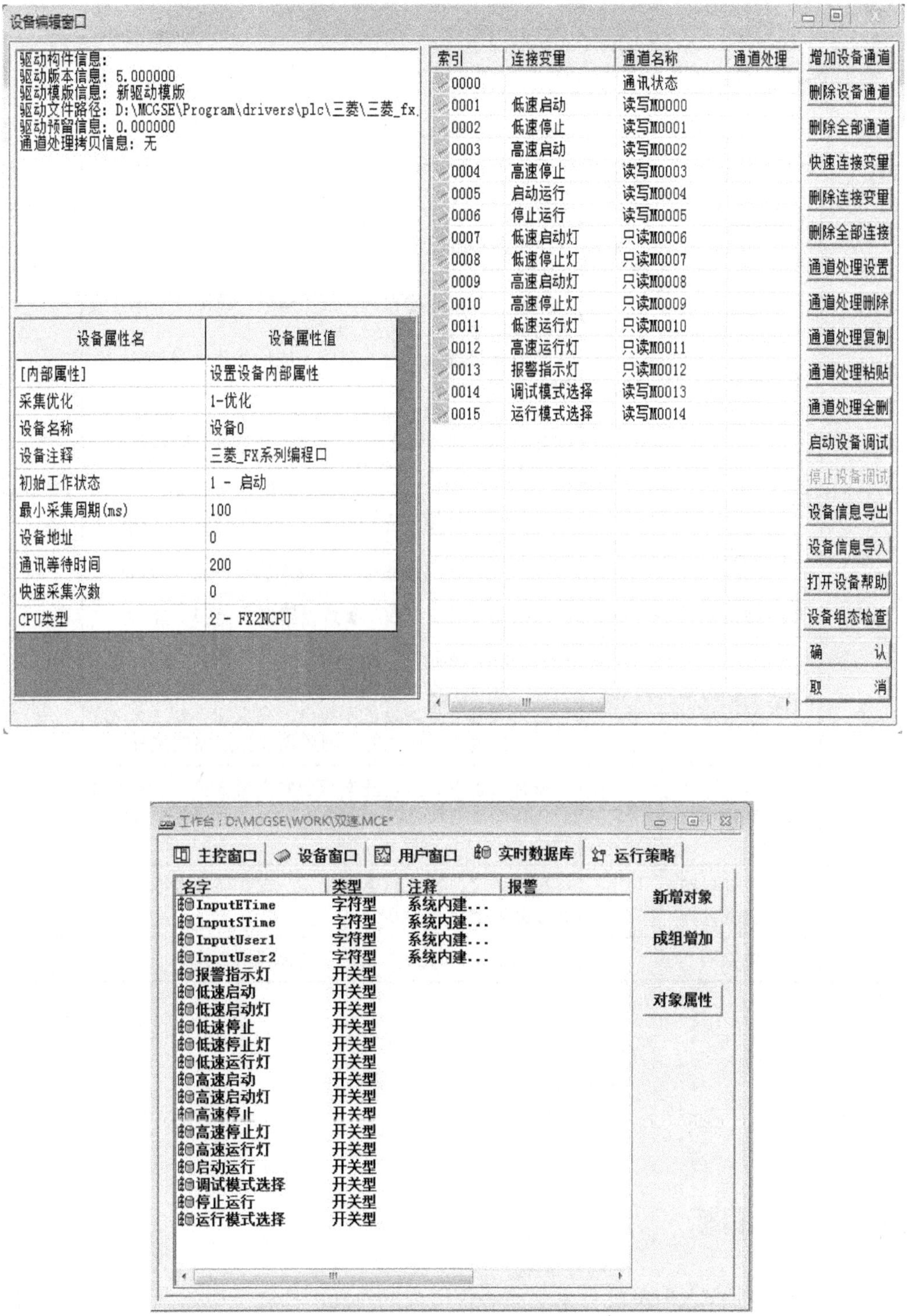

图 3-64　组态变量地址分配表

3.3.7 任务评价

任务评价见表 3–19。

表 3–19 任务评价表

序号	内容	配分	评分标准	得分
1	电箱内主要器件选择	5	少用器件或用错器件，扣 1 分/件	
2	线路连接	30	（1）少接线或多接线，或接错线，或接线不牢，或外露铜丝过长，扣 3 分/根； （2）中性线未通过接零排，或地线不经过地线排，扣 5 分/处； （3）由于接错线或接线工艺差引起电气控制电路部分跳闸，则该项不得分；如果引起整个设备跳闸，则该大项不得分	
3	接线工艺	25	（1）箱内连接的 BVR 线未入线槽，或未盖盖板，扣 1 分/处； （2）导线未用接线端子，或未编号，扣 1 分/处	
4	器件参数设置	5	未按要求设置参数或参数设置错误，扣 1 分/处	
5	设备功能调试	25	（1）操作不正确，扣 3 分/处； （2）不能启动设备运行，该项不得分； （3）操作正确时功能不符合设备要求，扣 3 分/处；如果是接线错误造成的，则还需要扣线路连接分	
6	安全操作规程	5	符合要求得 5 分，基本符合要求得 3 分，一般得 1 分（有严重违规可以一项否决，如不听劝阻，可终止操作）	
7	工具、耗材摆放、废料处理	3	根据情况，符合要求得 3 分，有 2 处错误得 1 分，有 2 处以上错误得 0 分	
8	工位整洁	2	根据情况，做到得 2 分，未做到扣 2 分	

任务 3.4 变频器应用

3.4.1 思政目标

（1）使学生深入理解社会主义核心价值观的内涵，树立正确的世界观、人生观和价值观。

（2）注重理论与实践相结合，通过实验教学、案例分析等方式，培养学生的创新思维和实践能力。

（3）注重培养学生的职业道德和责任意识。

3.4.2 知识目标

（1）掌握汇川 MD290 变频器的工作原理，以及外部接线与调试方法。

（2）掌握汇川 H2U 系列 PLC 的工作原理，以及外部接线与编程方法。

（3）掌握昆仑通态触摸屏的外部接线及使用方法。

3.4.3 技能目标

（1）能够根据工作任务要求完成对变频器调速线路的安装与调试。

（2）能够熟练掌握汇川 H2U 系列 PLC、汇川 MD290 变频器与触摸屏之间的通信。

（3）能够正确使用电工工具，按照施工要求，团队协作完成变频器控制三相异步电动机三段速线路的安装与调试。

3.4.4 知识链接

1. 变频器简介

变频器是一种静止的频率变换器，可将电网电源的 50 Hz 频率交流电变成频率可调的交流电，作为电动机的电源装置，目前在国内外使用广泛。使用变频器可以节能、提高产品质量和劳动生产率等。

从结构上看，变频器分为交—交和交—直—交两种形式。交—交变频器可将工频交流直接变换成频率、电压均可控制的交流，又称直接式变频器。而交—直—交变频器则是先把工频交流通过整流器变成直流，然后再把直流变换成频率、电压均可控制的交流，又称为间接式变频器。目前常用的通用变频器属于交—直—交变频器。

按直流电源的性质分类，变频器可分为电流型和电压型；按输出电压调节方式分类，变频器主要有 PAM（脉冲幅度调制）和 PWM（脉冲宽度调制）两种方式。

变频器的作用如下。

（1）调速。通过改变电源频率可以连续平滑地调整任何一台交流电动机的转速。

（2）节能。为了保证生产的可靠性，各种生产机械在设计配置动力驱动时都留有一定的余量。当电动机不能在满负荷下运行时，多余的力矩增加了有功功率的消耗，造成电能的浪费，此时，如果使用变频技术降低电动机的转速，即可达到节能的目的。

（3）实现对电动机的软启动。使用变频技术，可以使电动机启动电流从零开始，最大值不超过额定电流，减少了对电网的冲击和对供电容量的要求，同时延长了设备的使用寿命。

（4）提高功率因数。由于变频器内部滤波电容的作用，使用变频技术可减少无功功率，增加电网的功率因数。

（5）对设备提供过流、过载等保护作用。

2. 变频器的调速原理

1）三相异步电动机调速原理

三相异步电动机的转速公式为：

$$n_0=60\,f(1-s)/p$$

式中：n_0——同步转速；

f——电源频率，Hz；

p——电动机磁极对数；

s——电动机转差率。

从公式可知，改变电源频率、转差率和磁极对数三项中的任意一项即可实现调速。

因此，异步电动机的变频调速必须按照一定的规律同时改变其定子电压和频率，即必须通过变频器获得电压和频率均可调节的供电电源。

2）变频器的基本构成

变频器主要由主回路（包括整流器、中间直流环节、逆变器）和控制回路组成（见图 3–65）。

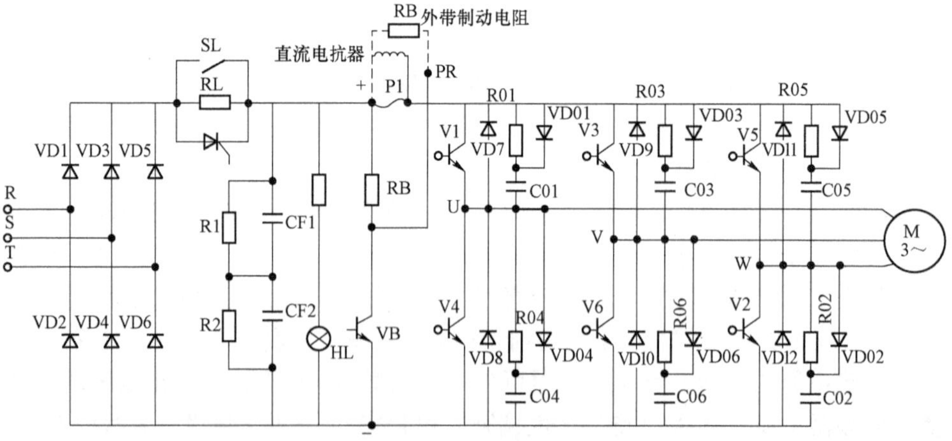

图 3–65　变频器构成

三相工频交流电经过 VD1～VD6 整流后，正极送入到缓冲电阻 RL 中，RL 的作用是防止电流忽然变大。经过一段时间电流趋于稳定后，晶闸管或继电器的触点会导通。短路掉缓冲电阻 RL，这时的直流电压加在了滤波电容 CF1、CF2 上，这两个电容可以把脉动的直流电流波形变得平滑一些。由于一个电容的耐压有限，所以把两个电容串起来用，耐压就提高了一倍。又因为若两个电容的容量不一样的话，分压会不同，所以给两个电容分别并联了一个均压电阻 R1、R2，这样，CF1 和 CF2 上的电压就相等了。HL 是主电路的电源指示灯，串联了一个限流电阻，接在了正负电压之间，这样三相电源一加进来，HL 就会发光，指示电源送入。直流电压加在了大功率晶体管 VB 的集电极与发射极之间，VB 的导通由控制电路控制，VB 上还串联了变频器的制动电阻 RB，组成了变频器制动回路。由于电极的绕组是感性负载，在启动和停止的瞬间都会产生一个较大的反向电动势，这个反向电压的能量会通过续流二极管 VD7～VD12 使直流母线上的电压升高，这个电压高到一定程度会击穿逆变管 V1～V6 和整流管 VD01～VD06。当有反向电压产生时，控制回路控制 VB 导通，电压就会通过 VB 在电阻 RB 释放掉。当电机较大时，还可并联外接电阻。一般情况下“+”端和 P1 端是由一个短路片短接上的，如果断开，这里可以接外加的支流电抗器（直流电抗器的作用是改善电路的功率因数）。

直流母线电压加到 V1～V6 的 6 个逆变管上，这 6 个大功率晶体管叫 IGBT，基极由控制电路控制。控制电路控制其中 3 个逆变管的导通给电机绕组内提供电流，产生磁场使电机运转。例如，某一时刻，V1、V2、V6 受基极控制导通，电流经 U 相流入电机绕组，经 V、W 相流入负极。下一时刻同理，只要不断地切换，就把直流电变成了交流电，供电机运转。为了保护 IGBT，在每一个 IGBT 上都并联了一个续流二极管，还有一些阻容吸收回路。主要的功能是保护 IGBT，有了续流二极管的回路，反向电压会从该回路加到直流母线上，通过放电电阻释放掉。

3. 变频器控制模式

随着半导体控制芯片技术的发展，变频器的内部控制已经完全数字化。以 DSP 器件为核心，可完成 PWM 驱动控制、功能码逻辑的实现、操作界面、对外通信、各种保护等。变频器综合了电子技术、电机控制、计算机技术、控制技术等多种技术为一体。变频器控制模式按照 PWM 波的控制原理，可分为 V/F 控制模式和矢量控制模式。

（1）V/F 控制模式。V/F 控制属于速度开环控制，从本质上来讲，V/F 控制的变频器是一种简易的逆变电源。V/F 控制的基本思路是改变输出频率，同时也改变输出的平均电压，并保证 V/F=常数，这样能使电动机磁通基本恒定，达到变频变压控制电动机转速的效果。

（2）矢量控制模式。矢量控制是“磁通定向矢量控制”的简称。在 PWM 控制中经过电动机数学模型的矢量变换，将多变量、强耦合的交流电动机等效成简单的直流电动机，对磁通和力矩分别控制，实现了强耦合系统的解耦。

矢量型变频器控制逻辑部分是将“变频器-电动机”作为一个整体进行特性分析后建立的数学分析模型，因此，变频器在正常运行之前，需要与电动机配合进行空载调谐操作（也称参数辨识），使之运行达到最佳状态。也正是因为这样，矢量型变频器不能同时驱动多台电动机。

矢量控制是电动机速度（或者转矩）的闭环控制方法，可以直接控制电动机输出转矩的大小，实现所谓的力矩控制，这是优于 V/F 控制方式的特征之一。依据变频器矢量控制中是否需要编码器，矢量控制还可分为有 FVC 速度传感器和 ISVC 无速度传感器两种类型。

无速度传感器矢量控制的速度反馈，需要根据变频器输出的电压、电流等并利用电动机的数学模型进行计算获得。其技术难度高，但在成本与可靠性方面具有优势，在工业现场也使用得最多。

4. 汇川变频器简介

1）汇川变频器型号

汇川变频器型号如图 3-66 所示。

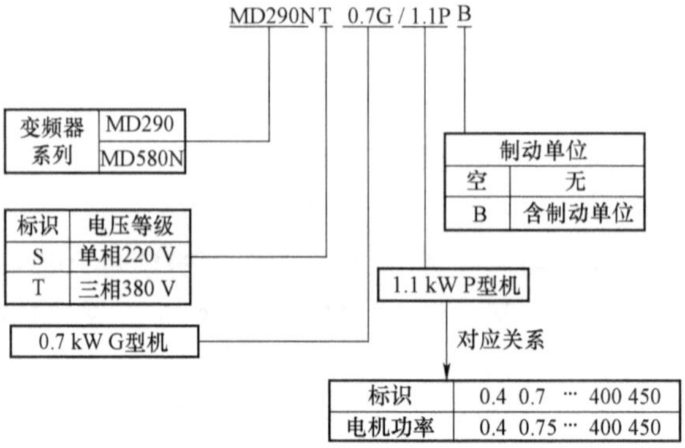

图 3-66　汇川变频器型号

其主要技术数据如下。

① 输入电压：三相 380 V，范围−15%～20%；

② 电源容量：1.5 kVA；

③ 输入电流：3.4 A；

④ 额定输出电流：2.1 A；

⑤ 适配电机：0.75 kW。

汇川变频器外形图如图 3-67 所示。

图 3-67　汇川变频器外形图

2）汇川变频器的接线

（1）主电路接线。汇川变频器主电路接线端子的说明见表 3-20。汇川变频器主电路电源及电动机的接线原理图如图 3-68 所示。380 V 三相电源必须接变频器 R、S、T 端子（位于变频器左侧），绝对不能接 U、V、W 端子，否则会损坏变频器。三相异步电动机接到变频器的 U、V、W 端子（位于变频器的右侧）。

表 3-20　汇川变频器主电路接线端子说明

端子记号	端子名称	说明
R	三相电源输入端子	交流输入三相电源连接点
S		
T		
U	变频器输出端子	连接三相交流异步电动机
V		
W		
(+)	直流母线端子	直流母线输入点（37G/45P 以上外置制动单元的连接点）
(−)		
(+)	制动电阻连接端子	37G/45P 以下制动电阻连接点
PB		
P	外置电抗器连接端子	外置电抗器连接点
(+)		
⏚	接地	变频器外壳接地用，必须接地

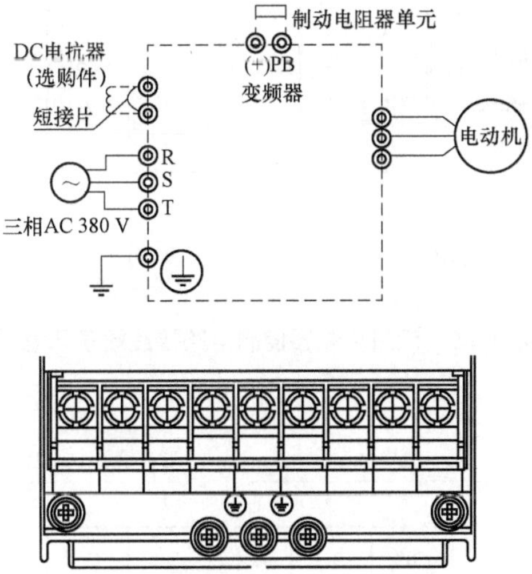

图 3-68　汇川变频器主电路接线原理图

（2）控制电路接线。汇川变频器控制电路接线端子示意图如图 3-69 所示。控制电路接线端子排列如图 3-70 所示。控制电路接线端子的说明见表 3-21。

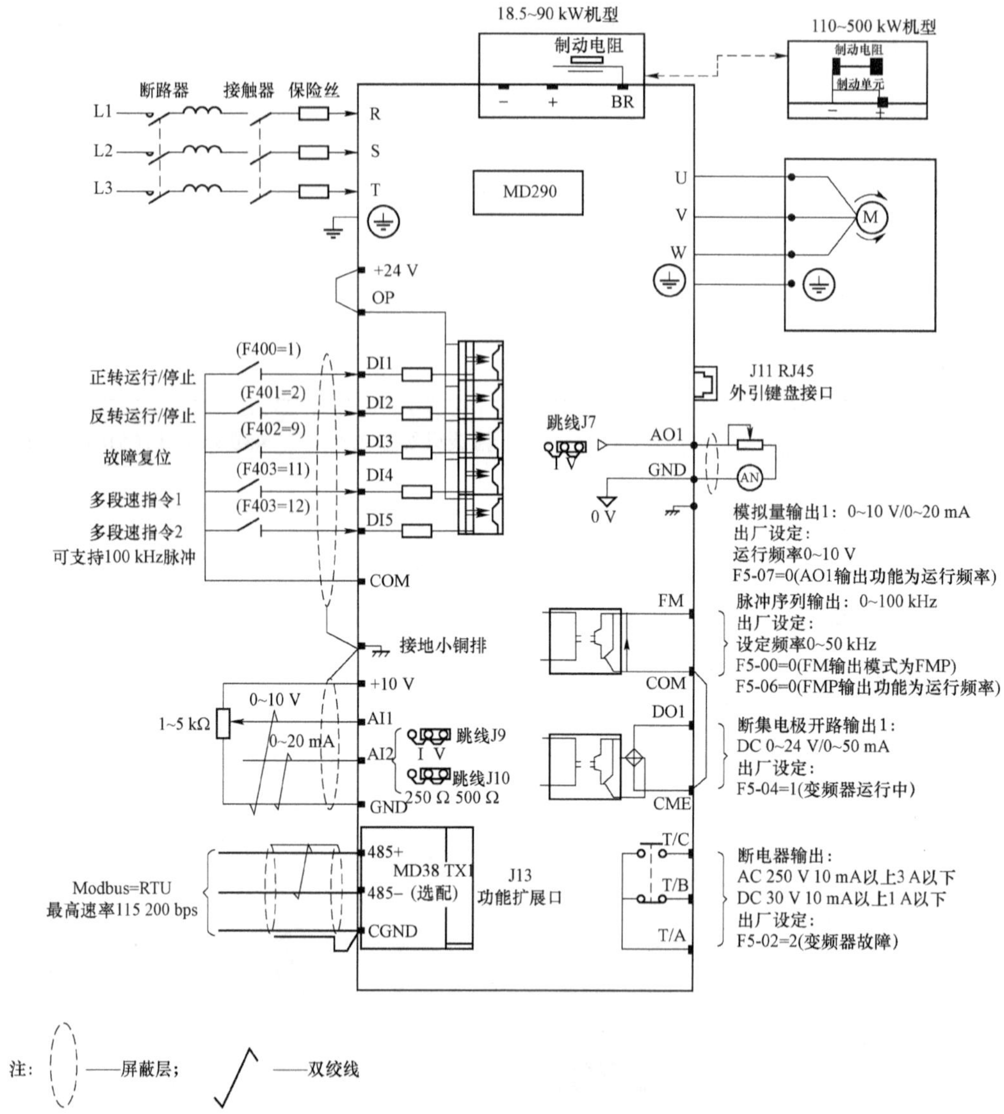

图 3–69　汇川变频器控制电路接线端子示意图

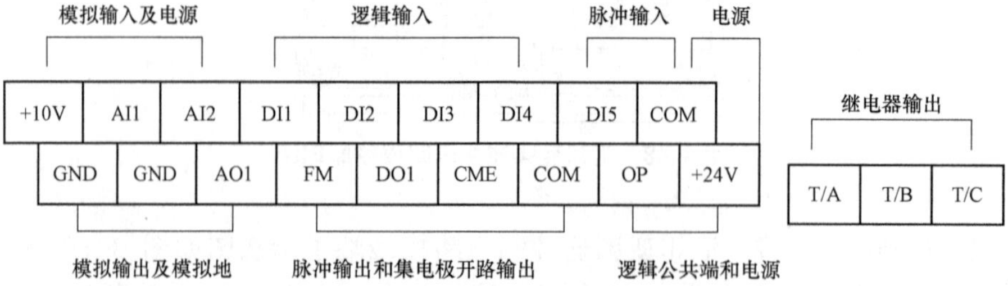

图 3–70　汇川变频控制电路接线端子排列

表 3-21 汇川变频器控制电路接线端子说明

类别	端子符号	端子名称	功能说明
电源	+10 V−GND	外接+10 V电源	向外提供+10 V 电源，最大输出电流：10 mA 一般用作外接电位器工作电源，电位器阻值范围：1 ～5 kΩ
	+24 V−COM	外接+24 V电源	向外提供+24 V 电源，一般用作数字输入/输出端子工作电源和外接传感器电源。最大输出电流：200 mA
	OP	外部电源输入端子	出厂默认与+24 V 连接。当利用外部信号驱动 DI1～DI5 时，OP 需与外部电源连接，且与+24 V 电源端子断开
模拟输入	AI1−GND	模拟量输入端子 1	输入电压范围：DC 0 ～10 V；输入阻抗：22 kΩ
	AI2−GND	模拟量输入端子 2	输入范围：DC 0 ～10 V/0 ～20 mA，由控制板上的 J9 跳线选择决定。 输入阻抗：电压输入时 22 kΩ，电流输入时通过 J10 跳线可选阻抗为 500 Ω或者 250 Ω
数字输入	DI1−OP	数字输入 1	光耦隔离，兼容双极性输入 输入阻抗：1.39 kΩ 有效电平输入时电压范围：9 ～30 V
	DI2−OP	数字输入 2	
	DI3−OP	数字输入 3	
	DI4−OP	数字输入 4	
	DI5−OP	高速脉冲输入端子	除有 DI1～DI4 的特点外，还可作为高速脉冲输入通道。 最高输入频率：100 kHz 输入阻抗：1.03 kΩ
模拟输出	AO1−GND	模拟输出 1	由控制板上的 J7 跳线选择决定电压或电流输出。 输出电压范围：0 ～10 V 输出电流范围：0 ～20 mA
数字输出	DO1−CME	数字输出 1	光耦隔离，双极性开路集电极输出 输出电压范围：0 ～24 V 输出电流范围：0 ～50 mA 注意：数字输出地 CME 与数字输入地 COM 是内部隔离的，但出厂时 CME 与 COM 已经外部短接（此时 DO1 默认为+24 V 驱动）。当 DO1 想用外部电源驱动时，必须断开 CME 与 COM 的外部短接
	FM−COM	高速脉冲输出	受功能码 F5−00“FM 端子；输出方式选择”约束；当作为高速脉冲输出时，最高频率到 100 kHz；当作为集电极开路输出时，与 DO1 规格一样

续表

类别	端子符号	端子名称	功能说明
继电器输出	T/A–T/B	常闭端子	触点驱动能力：AC 250 V，3 A，cosϕ=0.4；DC 30 V，1 A
	T/A–T/C	常开端子	
辅助接口	J13	功能扩展卡接口	28 芯端子，与可选卡（I/O 扩展卡、PLC 卡、各种总线卡等选配卡）的接口
	J11	外引键盘接口	外引键盘
跳线	J7	AO1 输出选择	电压、电流输出可选，默认为电压输出
	J9	AI2 输入选择	电压、电流输入可选，默认为电压输入
	J10	AI2 输入阻抗选择	500 Ω、250 Ω可选，默认为 500 Ω

MD290 型汇川变频器的操作面板采用三级菜单结构进行参数设置等操作（见图 3–71）。

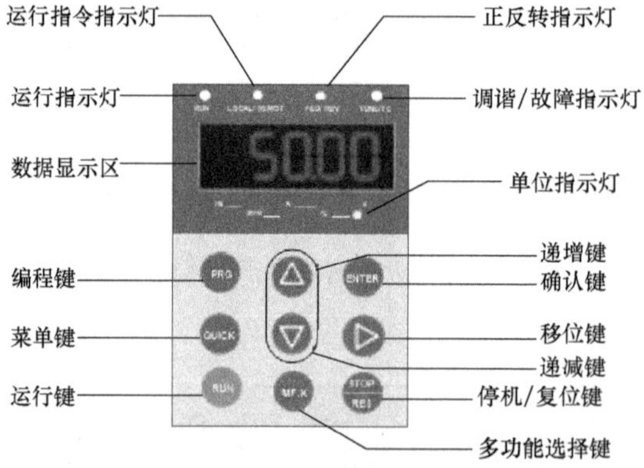

图 3–71　MD290 型汇川变频器操作面板

三级菜单分别为：功能参数组（一级菜单）→功能码（二级菜单）→功能码设定值（三级菜单）（见图 3–72）。

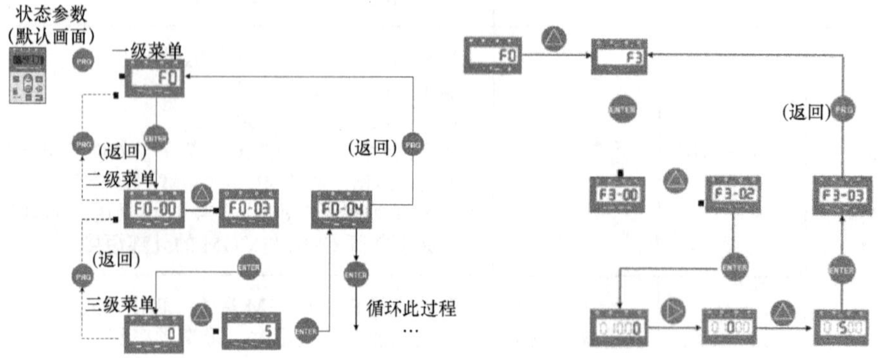

图 3–72　MD290 型汇川变频器的操作面板采用三级菜单结构进行参数设置

在三级菜单操作时，可按 PRG 键或 ENTER 键返回二级菜单。两者的区别是：按 ENTER 键设定参数保存后返回二级菜单，并自动转移到下一个功能码；而按 PRG 键则直接返回二级菜单，不存储参数，并返回到当前的功能码。MD290 型汇川变频器参数设置见表 3-22。

表 3-22　MD290 型汇川变频器参数设置表

<table>
<tr><th>功能码</th><th>名称</th><th colspan="3">设定范围</th><th>出厂值</th><th>更改</th></tr>
<tr><td colspan="7">F0 组基本功能组</td></tr>
<tr><td>F0-00</td><td>GP 类型显示</td><td colspan="2">1：G 型（恒转矩负载机型）</td><td>2：P 型（风机、水泵类负载机型）</td><td>2</td><td>★</td></tr>
<tr><td>F0-01</td><td>第 1 电机控制方式</td><td colspan="2">2：V/F 控制</td><td></td><td>2</td><td>★</td></tr>
<tr><td>F0-02</td><td>运行指令选择</td><td colspan="2">0：操作面板
1：端子</td><td>2：通信</td><td>0</td><td>☆</td></tr>
<tr><td>F0-03</td><td>主频率指令输入选择</td><td colspan="2">0：数字设定（掉电不记忆）
1：数字设定（掉电记忆）
2：AI1
3：AI2
4：AI3</td><td>5：脉冲设定（DI5）
6：多段指令
7：简易 PLC
8：PID9：通信给定</td><td>0</td><td>★</td></tr>
<tr><td>F0-09</td><td>运行方向选择</td><td colspan="3">0：默认方向运行
1：与默认方向相反方向运行</td><td>0</td><td>☆</td></tr>
<tr><td>F0-10</td><td>最大频率</td><td colspan="3">50.00～500.00 Hz</td><td>50.00 Hz</td><td>★</td></tr>
<tr><td>F0-11</td><td>上限频率指令选择</td><td>0：F0-12 设定
2：AI2</td><td>1：AI1
3：AI3</td><td>4：脉冲设定
5：通信设定</td><td>0</td><td>★</td></tr>
<tr><td>F0-12</td><td>上限频率</td><td colspan="3">下限频率 F0-14～最大频率 F0-10</td><td>50.00 Hz</td><td>☆</td></tr>
<tr><td>F0-13</td><td>上限频率偏置</td><td colspan="3">0.00 Hz～最大频率 F0-10</td><td>0.00 Hz</td><td>☆</td></tr>
<tr><td>F0-14</td><td>下限频率</td><td colspan="3">0.00 Hz～上限频率 F0-12</td><td>0.00 Hz</td><td>☆</td></tr>
<tr><td>F0-17</td><td>加速时间 1</td><td colspan="2">0.00 ～650.00 s（F0-19=2）
0.0～6 500.0 s（F0-19=1）</td><td>0 ～65 000 s（F0-19=0）</td><td>机型确定</td><td>☆</td></tr>
<tr><td>F0-18</td><td>减速时间 1</td><td colspan="2">0.00 ～650.00 s（F0-19=2）
0.0～6 500.0 s（F0-19=1）</td><td>0 ～65 000 s（F0-19=0）</td><td>机型确定</td><td>☆</td></tr>
<tr><td>F0-19</td><td>加减速时间单位</td><td colspan="2">0：1 s
1：0.1 s</td><td>2：0.01 s</td><td>1</td><td>★</td></tr>
</table>

续表

<table>
<tr><th>功能码</th><th>名称</th><th colspan="2">设定范围</th><th>出厂值</th><th>更改</th></tr>
<tr><td colspan="6">F4 组输入端子</td></tr>
<tr><td>F4-00</td><td>DI1 端子功能选择</td><td rowspan="10">0：无功能
1：正转运行 FWD 或运行命令
2：反转运行 REV 或正反运行方向（注：当设定为 1、2 时，需配合 F4-11 使用，详见功能码参数说明）
3：三线式运行控制
4：正转点动（FJOG）
5：反转点动（RJOG）
6：端子 UP
7：端子 DOWN
8：自由停车
9：故障复位（RESET）
10：运行暂停
11：外部故障常开输入
12：多段指令端子 1
13：多段指令端子 2
14：多段指令端子 3
15：多段指令端子 4
16：加减速时间选择端子 1
17：加减速时间选择端子 2
18：频率指令切换
19：UP/DOWN 设定清零（端子、键盘）
20：控制命令切换端子 1
21：加减速禁止
22：PID 暂停
23：简易 PLC 状态复位
24：摆频暂停</td><td rowspan="10">25：计数器输入
26：计数器复位
27：长度计数输入
28：长度复位
29：保留
30：脉冲频率输入（仅对 DI5 有效）
31：保留
32：立即直流制动
33：外部故障常闭输入
34：频率修改使能
35：PID 作用方向取反
36：外部停车端子 1
37：控制命令切换端子 2
38：PID 积分暂停
39：主频率与预置频率切换
40：辅频率与预置频率切换
41：电机端子选择功能
42：保留
43：PID 参数切换
44：用户自定义故障 1
45：用户自定义故障 2
46：保留
47：紧急停车
48：外部停车端子 2
49：减速直流制动
50：本次运行时间清零
51：两线式/三线式切换
52-59：保留</td><td>1</td><td>★</td></tr>
<tr><td>F4-01</td><td>DI2 端子功能选择</td><td>4</td><td>★</td></tr>
<tr><td>F4-02</td><td>DI3 端子功能选择</td><td>9</td><td>★</td></tr>
<tr><td>F4-03</td><td>DI4 端子功能选择</td><td>12</td><td>★</td></tr>
<tr><td>F4-04</td><td>DI5 端子功能选择</td><td>13</td><td>★</td></tr>
<tr><td>F4-05</td><td>DI6 端子功能选择</td><td>0</td><td>★</td></tr>
<tr><td>F4-06</td><td>DI7 端子功能选择</td><td>0</td><td>★</td></tr>
<tr><td>F4-07</td><td>DI8 端子功能选择</td><td>0</td><td>★</td></tr>
<tr><td>F4-08</td><td>DI9 端子功能选择</td><td>0</td><td></td></tr>
<tr><td>F4-09</td><td>DI10 端子功能选择</td><td>0</td><td>★</td></tr>
<tr><td>F4-11</td><td>端子命令方式</td><td>0：两线式 1
1：两线式 2</td><td>2：三线式 1
3：三线式 2</td><td>0</td><td>★</td></tr>
<tr><td colspan="6">F5 组输出端子</td></tr>
<tr><td></td><td>FM 端子输出模式选择</td><td>0：脉冲输出（FMP）</td><td>1：开关量输出（FMR）</td><td>0</td><td>☆</td></tr>
</table>

续表

功能码	名称	设定范围		出厂值	更改
F6 组启停控制					
F6-00	启动方式	0：直接启动		0	☆
F6-01	转速跟踪方式	0：从停机频率开始 1：从工频开始 2：从最大频率开始	4：磁场定向转速跟踪（需要静态调谐，F1-37 设成 1）	0	★
F6-02	转速跟踪快慢	1～100		20	☆
F603	启动频率	0.00～10.00 Hz		0.00 Hz	☆
F6-07	加减速方式	0：直线加减速	1、2：动态 S 曲线加减速	0	★
F6-10	停机方式	0：减速停车	1：自由停车	0	☆
F8　组辅助功能					
F8-03	加速时间 2	0.0～6 500.0 s		机型确定	☆
F8-04	减速时间 2	0.0～6 500.0 s		机型确定	☆

3.4.5　任务内容

用变频器控制三相异步电动机三段速运行（见图 3-73）。控制要求：分为

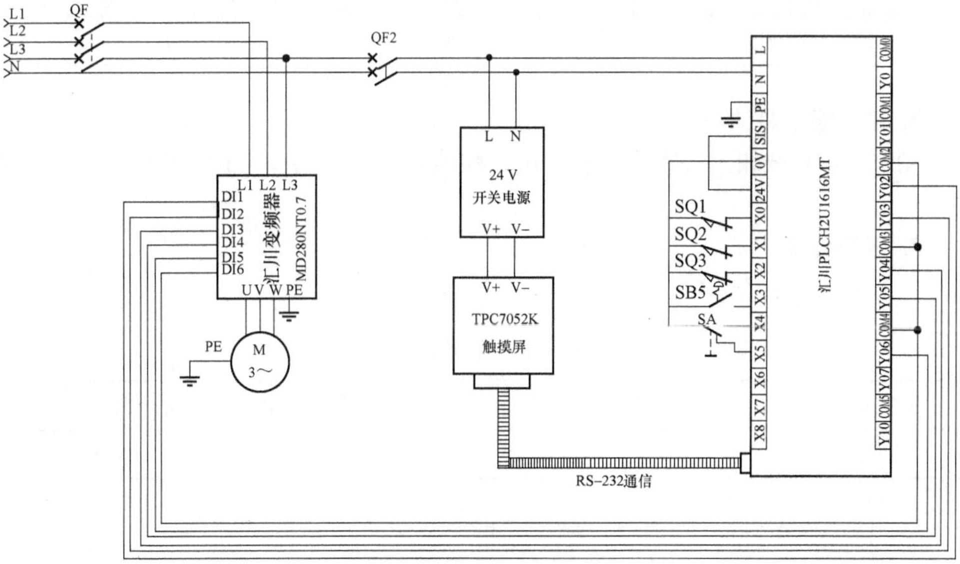

图 3-73　变频器控制三相异步电动机接线图

调试模式和运行模式。调试模式：三相异步电动机分别以 20 Hz、50 Hz、70 Hz 运转。三相异步电动机以 20 Hz 正转由 A 点到 B 点低速运动，到达 B 点后，停 10 s，三相异步电动机以 50 Hz 正转由 B 点向 C 点运动，到达 C 点后，停 5 s，三相异步电动机以 70 Hz 反转由 C 点向 A 点运动，到达 A 点后停止。

3.4.6 任务实施

1. 材料清单

材料清单见表 3–23。

表 3–23 材料清单表

名称	规格	数量
三相异步电动机（双速）	YS502/4	1
汇川 PLC 主模块	H2U–1616MT	1
汇川 PLC 扩展模块	H2U–0016ERN	1
PLC 通信线	RS–232	1
昆仑通态触摸屏	TPC7062Ti	1
塑壳开关	NM1–63S/3300 20 A	1
汇川变频器	MD290 N	1
接触器	CJX2–0910/220 V	3
接线端子排	TB–1512	3
按钮	LA68B–EA35/45	急停 1 只（红）
自动空气开关	DZ47LE–32	1

2. 工（量）具清单

剥线钳、压线钳、尖嘴钳、斜口钳、螺丝刀（“一”字、“十”字）、多用表、测电笔。

3. 任务分工

任务分工见表 3–24。

表 3–24 任务分工表

任务名称	用变频器控制三相异步电动机三段速运行线路安装与调试
组号	
组长	
组员	
成员分工	

4. 任务实施详述

（1）I/O 地址分配表见表 3-25。

表 3-25 I/O 地址分配表

输入信号		输出信号	
A 点限位开关 SQ1	X0	电动机低速运行	Y2
B 点限位开关 SQ2	X1	电动机中速运行	Y3
C 点限位开关 SQ3	X2	电动机高速运行	Y4
急停按钮 SB5	X3		
转换开关 SA	X4		
	X5		

（2）PLC 梯形图如图 3-74 所示。

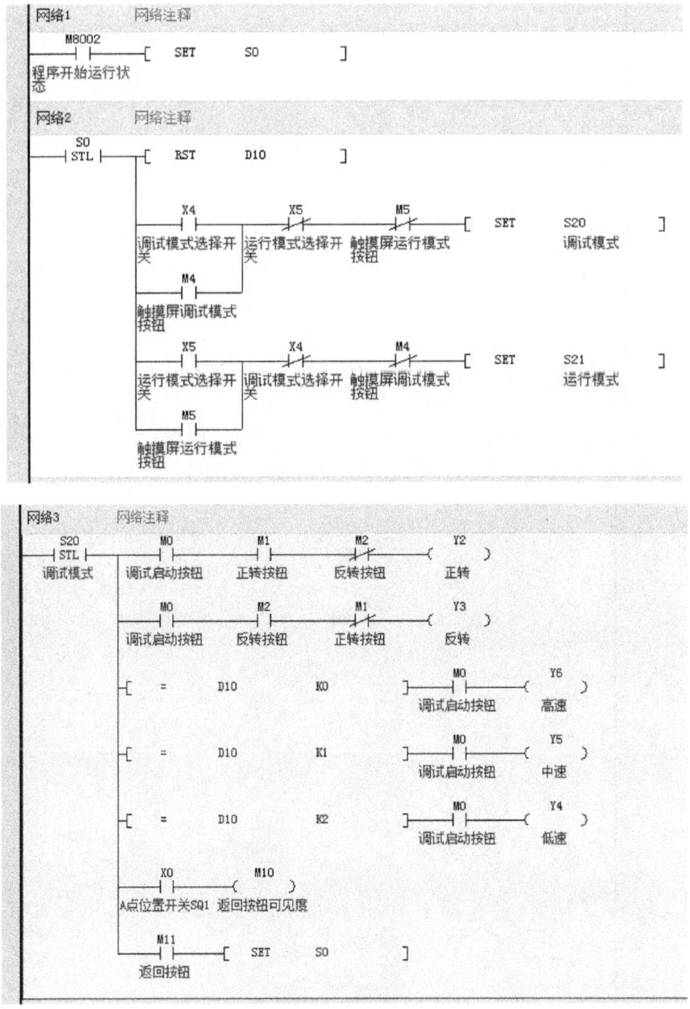

图 3-74 梯形图

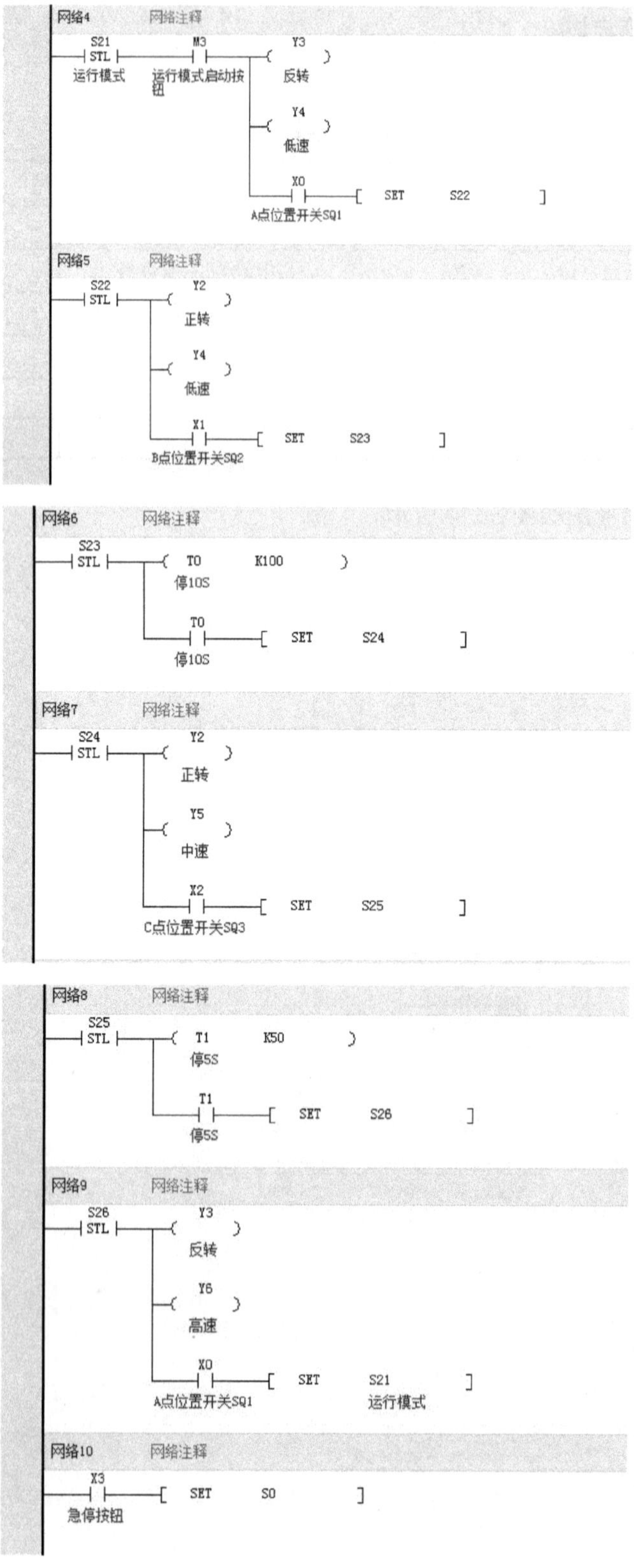
网络4 网络注释
S21 STL 运行模式
M3 运行模式启动按钮
Y3 反转
Y4 低速
X0 A点位置开关SQ1
SET S22
网络5 网络注释
S22 STL
Y2 正转
Y4 低速
X1 B点位置开关SQ2
SET S23
网络6 网络注释
S23 STL
T0 K100 停10S
T0 停10S
SET S24
网络7 网络注释
S24 STL
Y2 正转
Y5 中速
X2 C点位置开关SQ3
SET S25
网络8 网络注释
S25 STL
T1 K50 停5S
T1 停5S
SET S26
网络9 网络注释
S26 STL
Y3 反转
Y6 高速
X0 A点位置开关SQ1
SET S21 运行模式
网络10 网络注释
X3 急停按钮
SET S0

图 3–74 梯形图（续）

（3）组态界面如图 3–75 所示。

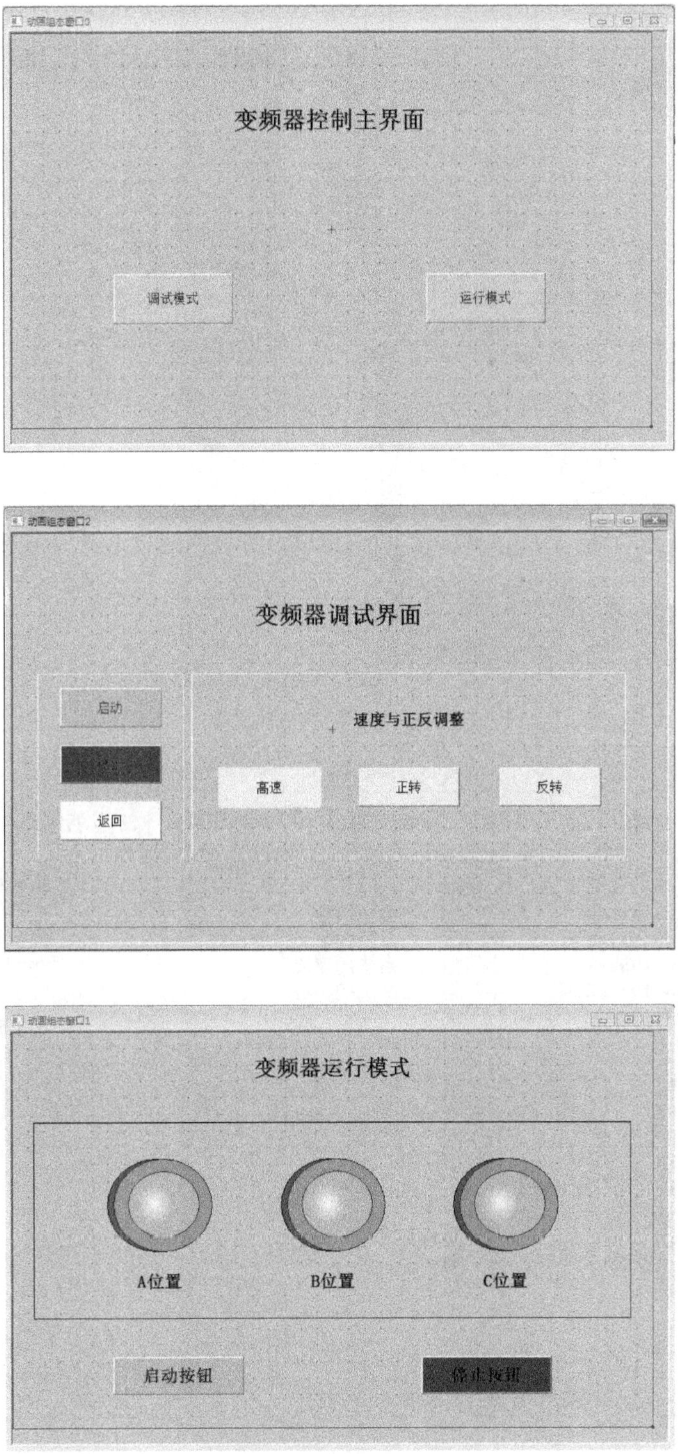

图 3–75　组态界面

（4）组态变量地址分配表如图 3-76 所示。

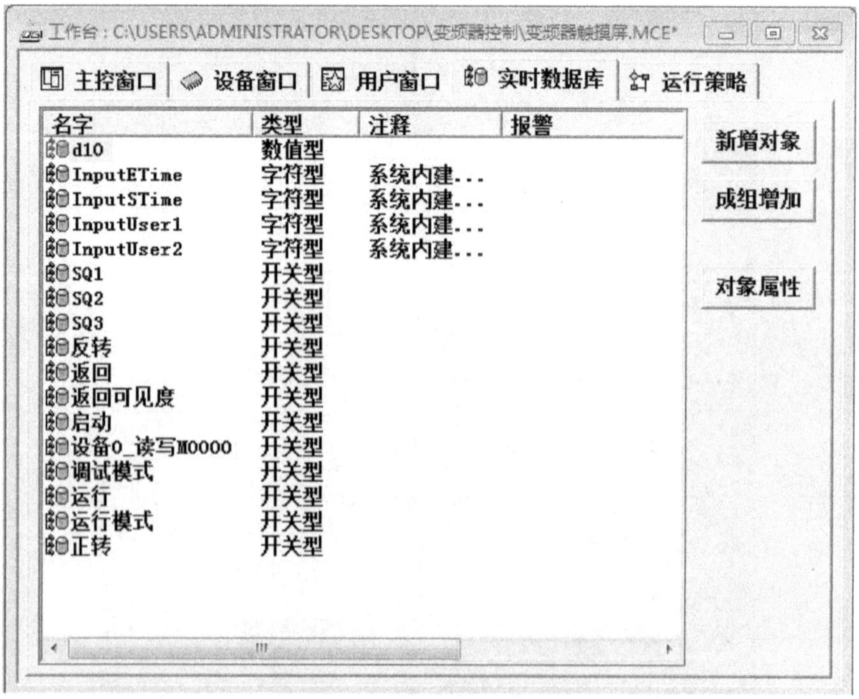

图 3-76　组态变量地址分配表

5. 参数设置

汇川变频器参数表见表 3-26。

表 3-26　汇川变频器参数表

参数号	参数含义	设定值
FP-01	参数初始化	1
F0-00	命令源选择	1
F0-01	频率源选择	4
F0-04	最大频率	100
F0-06	上限频率	100
F0-09	加速时间 1	1
F0-10	减速时间 1	1
F2-00	DI1 端子功能	1
F2-01	DI2 端子功能	2
F2-02	DI3 端子功能	13
F2-03	DI4 端子功能	14
F2-04	DI5 端子功能	15
F8-02	多段速 1	20
F8-03	多段速 2	50
F8-04	多段速 3	70

3.4.7　任务评价

任务评价见表 3-27。

表 3-27　任务评价表

序号	内容	配分	评分标准	得分
1	电箱内主要器件选择	5	少用器件或用错器件，扣 1 分/件	
2	线路连接	30	（1）少接线或多接线，或接错线，或接线不牢，或外露铜丝过长，扣 3 分/根； （2）中性线未通过接零排，或地线不经过地线排，扣 5 分/处； （3）由于接错线或接线工艺差引起电气控制电路部分跳闸，则该项不得分；如果引起整个设备跳闸，则该大项不得分	

续表

序号	内容	配分	评分标准	得分
3	接线工艺	25	（1）箱内连接的 BVR 线未入线槽，或未盖盖板，扣 1 分/处； （2）导线未用接线端子，或未编号，扣 1 分/处	
4	器件参数设置	5	未按要求设置参数或参数设置错误，扣 1 分/处	
5	设备功能调试	25	（1）操作不正确，扣 3 分/处； （2）不能启动设备运行，该项不得分； （3）操作正确时功能不符合设备要求，扣 3 分/处；如果是接线错误造成的，则还需要扣线路连接分	
6	安全操作规程	5	符合要求得 5 分，基本符合要求得 3 分，一般得 1 分（有严重违规可以一项否决，如不听劝阻，可终止操作）	
7	工具、耗材摆放、废料处理	3	根据情况，符合要求得 3 分，有 2 处错误得 1 分，有 2 处以上错误得 0 分	
8	工位整洁	2	根据情况，做到得 2 分，未做到扣 2 分	

任务 3.5　步进电动机调试

3.5.1　思政目标

（1）引导学生树立正确的职业观念，培养良好的职业道德和敬业精神。

（2）强调在电气安装与维修过程中，团队协作和沟通的重要性。

（3）引导学生理解并遵守安全操作规范，强调安全意识和安全操作的重要性。

3.5.2　知识目标

（1）掌握步进电动机及驱动器的工作原理，以及外部接线与调试方法。

（2）掌握汇川 H2U 系列 PLC 的工作原理，以及外部接线与编程方法。

（3）掌握昆仑通态触摸屏的外部接线及使用方法。

3.5.3　技能目标

（1）能够根据工作任务要求完成对步进电动机控制线路的安装与调试。

（2）能够熟练掌握汇川 H2U 系列 PLC、步进电动机与触摸屏之间的通信。

（3）能够正确使用电工工具，按照施工要求，团队协作完成步进电动机线路的安装与调试。

3.5.4　知识链接

1. 步进电动机简介

步进电动机是一种用电脉冲信号进行控制，并将电脉冲信号转换成相应的角位移或线位移的控制电机。它的机械角位移与输入的数字脉冲信号具有严格的对应关系：即一个脉冲信号可以使步进电动机前进一步，因此，又被称为脉冲电动机，是一种比较理想的执行元件。

步进电动机优点比较多：可以直接实现数字控制，控制性能好，无摩擦，抗干扰能力强，误差不长期积累，具有自锁能力和保持转矩的能力，适合于在数字控制的开环系统中作为驱动电动机，也可用作闭环系统的驱动元件。主要缺点是：效率较低，需配适当的驱动电源，带惯性负载的能力不强。

常用的步进电动机按驱动原理分为 3 类，具体如下。

（1）反应式步进电动机：定子绕组、转子通常用软磁性材料制造。结构简单、价格低、步进精度高，但动态性能比较差，效率比较低，容易发热，可靠性比较差。

（2）永磁式步进电动机：转子部分使用永磁性材料，它的定子极数与转子极数相同。特点是输出的力矩大，动态性能比较好，但永磁式电机的精度比较差，步矩角较大（一般为 7.5° 或 15° ）。

（3）混合式步进电动机：将永磁式步进电动机和反应式步进电动机的优点进行综合，定子上一般有多相绕组；转子采用永磁性材料，转子和定子上都有许多个微型小齿来提高电机的精度。特点是动态性能比较好、输出力矩比较大，步距角小，但电机结构复杂、价格较贵。

2. 步进电动机的工作原理

下面以一台最简单的三相反应式步进电动机为例，简单介绍步进电动机的工作原理。

图 3–77 是一台三相反应式步进电动机的原理图。定子铁芯为凸极式，共有 3 对（6 个）磁极，每两个空间相对的磁极上绕有一相控制绕组。转子用软磁性材料制成，也是凸极结构，只有 4 个齿，齿宽等于定子的极宽。齿距就是相邻两齿中心线（或称齿轴线）的夹角，又称为齿距角，计算公式为

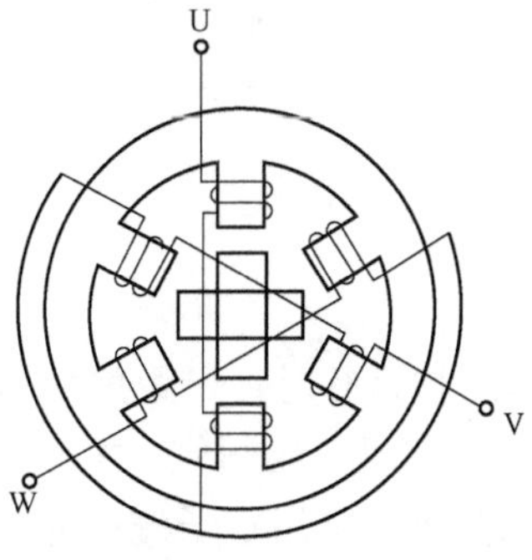

图 3–77　三相反应式步进电动机原理图

$$\theta_{ch}=\frac{360^\circ}{Z_r}$$

式中：θ_{ch}——齿距角；

Z_r——转子齿数。

三相反应式步进电动机常用 3 种运行方式：三相单三拍运行，三相双三拍运行，三相单、双六拍运行。

1）三相单三拍运行

当 A 相控制组通电，其余两相均不通电时，电动机内建立以定子 A 相极为轴线的磁场。由于磁通具有走磁阻最小路径的特点，因此，转子齿 1、3 的轴线与定子 A 相极轴线对齐。当 A 相控制绕组断电、B 相控制绕组通电时，转子在反应转矩的作用下，逆时针转过 30°，使转子齿 2、4 的轴线与定子 B 相极轴线对齐，即转子走了一步。当断开 B 相，使 C 相控制绕组通电时，转子逆时针方向又转过 30°，使转子齿 1、3 的轴线与定子 C 相极轴线对齐。如此，按 A—B—C—A 的顺序轮流通电，转子就会一步一步地按逆时针方向转动。其转速取决于各相控制绕组通电与断电的频率，旋转方向取决于控制绕组轮流通电的顺序。若按 A—C—B—A 的顺序通电，则电动机按顺时针方向转动。

2）三相双三拍运行

按 AB—BC—CA—AB 或相反的顺序通电，每次同时给两相绕组通电，且 3 次换接为一个循环。

3）三相单、双六拍运行

如果把控制绕组的通电方式改为：A—AB—B—BC—C—CA—A，即一相通电，接着二相通电，间隔地轮流进行，完成一个循环需要经过 6 次改变通电状态，称为三相单、双六拍通电方式。当 A、B 两相绕组同时通电时，因为转子齿的位置应同时考虑到两对定子极的作用，所以 A 相极和 B 相极对转子齿所产生的磁拉力相平衡的中间位置，才是转子的平衡位置。

综上，“三相”一指步进电机的相数：“单”指每次只给一相绕组通电；“双”则是每次同时给二相绕组通电。绕组每改变一次通电状态称为“一拍”；“三拍”一指通电 3 次完成一个循环，把每一拍转子转过的角度称为步距角。一般而言，无论几相电机及采用何种运行方式，步距角 θ_b、转子齿数 Z_r 和拍数 N 之间有以下关系：

$$\theta_b=\frac{360^\circ}{NZ_r}$$

式中：θ_b——步距角；

Z_r——转子齿数；

N——拍数。

当以三相单三拍和三相双三拍运行时，步距角为 30°，当以三相单、双六拍运行时，步距角为 15°。目前，打印机、绘图仪、机械手等设备都以步进电动机为动力核心。进一步减小步距角的措施是采用定子磁极并带有小齿、转子齿数很多的结构。分析表明，这样结构的步进电动机，其步距角可以做得很小。一般来说，步进电动机产品都采用这种方法实现步距角的细分。

步进电动机既可作单步运行（按控制指令转过一定的角度），又可连续不断地旋转。当外加一个控制脉冲时，即每一拍，转子将转过一个步距角，这相当于整个圆周角的 $\frac{1}{NZ_r}$，也就是 $\frac{1}{NZ_r}$ 转，如果控制脉冲的频率为 f，则转子的转速为：

$$n=\frac{60f}{NZ_r}$$

式中：n——转速；

f——控制脉冲的频率；

Z_r——转子齿数；

N——拍数。

3. 步进电动机驱动器简介

步进电动机不能直接接到工频交流或直流电源上工作，而必须使用专用的由脉冲发生控制单元、功率驱动单元、保护单元等组成的步进电动机驱动器。步进电动机驱动器和步进电动机是一个有机的整体，步进电动机的运行性能是二者配合所反映的综合效果。

步进电动机驱动要求如下。

（1）能够提供较快的电流上升和下降速度，使电流波形尽量接近矩形。具有供截止期间释放电流流通的回路，以降低绕组两端的反电动势，加快电流衰减。

（2）具有较高的功率及效率。

步进电动机的相数是指内部的线圈组数，目前常用的有二相、三相、四相、五相步进电动机。电动机相数不同，其步距角也不同，一般二相电动机的步距角为 1.8°，三相的为 1.5°，五相的为 0.72°。在没有细分驱动器时，用户主要靠选择不同相数的步进电动机来满足步距角的要求。如果使用细分驱动器，则相数将变得没有意义，用户只需在驱动器上改变细分数，就可以改变步距角。

1）步进驱动器型号及特点

（1）步进驱动器型号。森创 SH-20403 型步进驱动器外型及型号如图 3-78 所示。

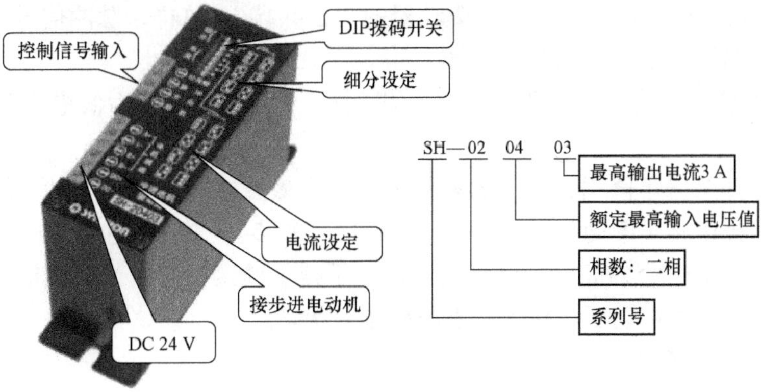

图 3-78　森创 SH-20403 型步进驱动器外型及型号

（2）步进驱动器的特点如下：

- 10 ～40 V 直流供电；
- H 桥双极恒相流驱动；
- 最大 3 A 的 8 种输出电流可选；
- 最大 64 细分的 7 种细分模式可选；
- 输入信号光电隔离；
- 标准共阳单脉冲接口；
- 脱机保持功能；
- 半密闭式机壳可适应更严苛环境；
- 提供节能的自动半电流锁定功能；
- 通过 CE 认证。

2）驱动器与控制器连接图

驱动器与控制器（如 PLC）之间的连接采用共阳极接法，如图 3–79 所示。驱动器与控制器 PLC 连接图说明如下。

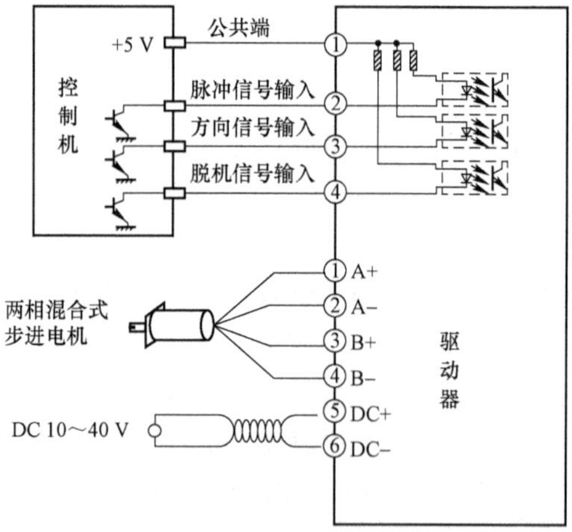

图 3–79　驱动器与控制器连接图

（1）电源 DC 5 V 的正极接至驱动器的“公共端”，这样，脉冲信号、方向信号及脱机信号的低电平均视为有效信号。

（2）当方向信号为高电平时，电动机反转；当方向信号为低电平时，电动机正转。

（3）脉冲信号下降沿被驱动器解释为一个有效脉冲，并驱动电动机转一步。但过低的频率会使转子颤动，过高的频率会使转子失步。

（4）当脱机信号为高电平或悬空时，转子处于锁定状态；当脱机信号为低电平时，电动机相电流被切断，转子处于脱机自由状态。

3）DIP 拨码开关

（1）细分设定。该驱动器可提供整步、改善半步、4、8、16、32、64、128 细分共 8 种运行模式，由驱动器面板上 8 位拨码开关中的 DIP1～DIP3 组合而成。当细分为整步时，驱动器每接收到一个脉冲，带动电动机转动 1.8°；当细分为半步（2 细分）时，驱动器每接收到一个脉冲，带动电动机转动 0.9°；其余细分，以此类推。细分设定方法见表 3–28。

表 3–28　细分设定方法

1	2	3		1	2	3		1	2	3		1	2	3	
ON	ON	ON	保留	ON	OFF	ON	32 细分	ON	ON	OFF	8 细分	ON	OFF	OFF	半步
OFF	ON	ON	64 细分	OFF	OFF	ON	16 细分	OFF	ON	OFF	4 细分	OFF	OFF	OFF	整步

（2）输出电流设定。输出电流通过驱动器面板上的 DIP5～DIP7 开关组合来设定，设定方法见表 3–29。

表 3–29　输出电流设定方法

5	6	7		5	6	7		5	6	7		5	6	7	
ON	ON	ON	0.9 A	ON	OFF	ON	1.5 A	ON	ON	OFF	1.2 A	ON	OFF	OFF	1.8 A
OFF	ON	ON	2.1 A	OFF	OFF	ON	2.7 A	OFF	ON	OFF	2.4 A	OFF	OFF	OFF	3 A

4. 编码器简介

编码器是通过把机械角度物理量的变化转变成电信号的一种装置。在传感器的分类中，它归属于角位移传感器。根据编码器的这一特性，编码器主要用于测量转动物体的角位移量、角速度、角加速度，通过编码器把这些物理量转变成电信号，输出给控制系统或仪表，控制系统或仪表根据这些量来控制驱动装置。

编码器有很多种，根据其结构，可分为旋转式和直线式。旋转式编码器分为单路输出和双路输出两种，技术参数主要有每转脉冲数（几十个到几千个都有）、输出方式和供电电压等。单路输出是指旋转编码器的输出是一组脉冲，而双路输出的旋转编码器其输出的是两组相位差为 90° 的脉冲，通过这两组脉冲不仅可以测量转速，还可以判断旋转的方向。

根据刻度方法及信号输出原理，编码器可分为增量编码器、绝对值编码器及混合式 3 种。

增量编码器工作原理：光电码盘（其中心有轴）产生的信号，由光电发射和接收器件读取，同时获得 4 组正弦波信号，组合成 A、B、C、D，每个正弦波相差 90° 相位差（相对于一个周波为 360°），将 C、D 两相反向，叠加在 A、B 两相上，可增强稳定信号，另外，每转输出一个 Z 相脉冲以代表零位参考位。

由于 A、B 两相相差 90°，因此，可通过比较 A 相在前还是 B 相在前，以判别编码器的正转与反转，通过零位脉冲，可获得编码器的零位参考位。

编码器以每旋转 360° 提供多少的通或暗刻线称为分辨率，也称解析分度（或直接称多少线），一般每转分度 5～10 000 线。

如单相连接，用于单方向计数、单方向测速。A、B 二相连接，用于正、反向计数，判断正反向和测速。A、B、Z 三相连接，用于带参考位修正的位置测量。A、A–，B、B–，Z、Z–连接，由于带有对称负信号的连接，电流对电缆贡献的电磁场为 0，衰减最小，抗干扰最佳，可传输较远的距离。

绝对编码器由机械位置决定，每个位置是唯一的，它无须记忆，不用找参考点，而且不用一直计数，什么时候需要知道位置，什么时候就去读取它的位置。这大大提高了编码器的抗干扰特性及数据的可靠性。

旋转单圈绝对值编码器，以转动中测量光电码盘各道刻线来获取唯一的编码。当转过 360° 时，编码又回到原点，这样就不符合绝对编码唯一的原则，因此，这样的编码只用于旋转范围 360° 以内的测量，称其为单圈绝对值编码器。

根据检测原理，编码器可分为光电编码器、磁性编码器，以及感应式和电容式编码器。

5. 汇川 H2U 系列 PLC 高速计数器

高速计数器是 PLC 的编程软元件，相对于普通计数器，高速计数器用于频率高于机内扫描频率的机外脉冲计数。由于计数信号频率高，计数以中断方式进行，因此，当计数器的当前值等于设定值时，计数器的输出节点立即工作。

H2U 系列 PLC 内置有 21 点高速计数器 C235–C255，每一个高速计数器都规定了其功能和占用的输入点。

1）高速计数器的类型

（1）单相 1 计数型。C235–C245 共有 11 个高速计数器用作单相 1 计数输入的高速计数，只需要 1 个计数脉冲信号输入端，并由其对应的特殊 M 寄存器决定为增计数或减计数；部分计数器还具有硬件复位、起停的信号输入端口。

（2）单相 2 计数型。C246–C250 共有 5 个高速计数器用作单相 2 计数输入的高速计数，有 2 个计数脉冲信号输入端，分别为增计数脉冲输入端和减计数脉冲输入端；部分计数器还具有硬件复位、起停的信号输入端口。

（3）两相 2 计数型。C251–C255 共有 5 个高速计数器用作两相 2 计数输入的高速计数，即 A、B 两相计数脉冲计数器，根据 A、B 两相的相位决定计数的方向。计数方法是：当 A 相脉冲为高电平时，B 相的脉冲上升沿作加计数，B 相的脉冲下降沿作减计数。通过读取 M8251～M8255 的状态，可监控 C251–C255 的增计数/减计数状态。

2）高速计数器的对应 X 端口

高速计数器编号与对应的 X 端口配套使用，即指定了高速计数器 C×××后，其对应的 X 输入端即被指定，故编程时不要让 X 端口有重复使用的情况，否则会出错。

6. 高速脉冲指令 PLSY 和 DPLSY 应用简介

PLSY：16 位连续执行型脉冲输出指令；DPLSY：32 位连续执行型脉冲输出

指令。

PLSY 指令的编程格式：

PLSYK1000 D0 Y0

K1000 为指定的输出脉冲频率，可以是 T、C、D、数值或是位元件组合（如 K4X0）；

D0 为指定的输出脉冲数，可以是 T、C、D、数值或是位元件组合（如 K4X0），当该值为 0 时，输出脉冲数不受限制；

Y0 为指定的脉冲输出端子，只能是 Y0 或 Y1。

例如：LD M0

PLSY D0 D10 Y1

当 M0 闭合时，以 D0 指定的脉冲频率从 Y1 输出 D10 指定的脉冲数。

在输出过程中 M0 断开，立即停止脉冲输出，当 M0 再次闭合后，从初始状态开始重新输出 D10 指定的脉冲数。在输出过程中改变 D0 的值，其输出脉冲频率立刻改变。在输出过程中改变输出脉冲数 D10 的值，其输出脉冲数并不改变，只有驱动断开再一次闭合后才按新的脉冲数输出。相关标志位与寄存器如下。

M8029：脉冲发完后，M8029 闭合。当 M0 断开后，M8029 自动断开。

M8147：当 Y0 输出脉冲时闭合，发完后脉冲自动断开。

M8148：当 Y1 输出脉冲时闭合，发完后脉冲自动断开。

D8140：记录 Y0 输出的脉冲总数，32 位寄存器。

D8142：记录 Y1 输出的脉冲总数，32 位寄存器。

D8136：记录 Y0 和 Y1 输出的脉冲总数，32 位寄存器。

当 PLSY 指令断开，再次驱动 PLSY 指令时，必须要在 M8147 或 M8148 断开一个扫描周期以上，否则发生运算错误。

3.5.5　任务内容

在触摸屏上调试步进电动机，如图 3-80 所示。

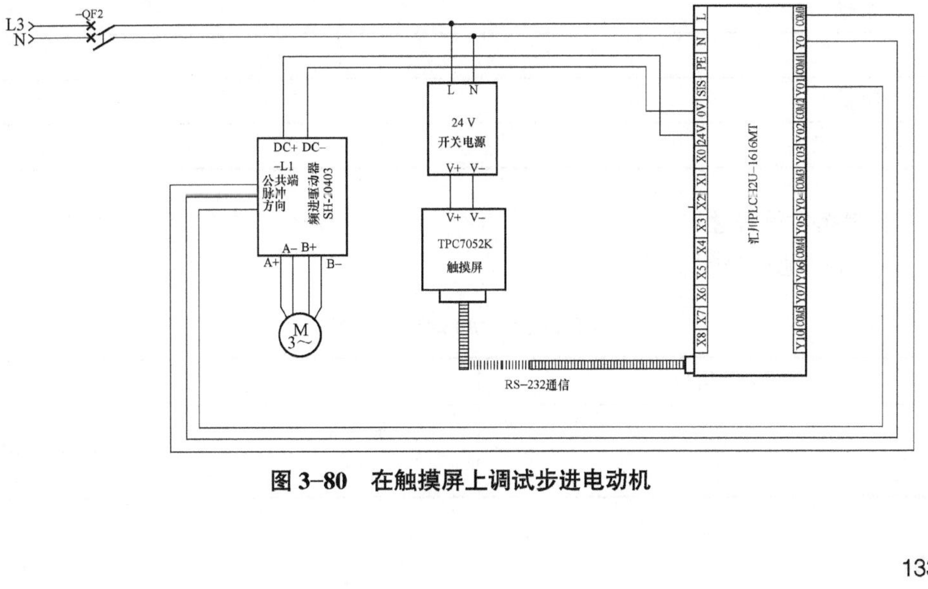

图 3-80　在触摸屏上调试步进电动机

3.5.6 任务实施

1. 材料清单

材料清单见表 3–30。

表 3–30 材料清单表

名称	规格	数量
三相异步电动机（双速）	YS502/4	1
汇川 PLC 主模块	H2U–1616MT	1
PLC 通信线	RS–232	1
昆仑通态触摸屏	TPC7062Ti	1
两相混合式步进电动机	42BYGH5403	1
森创步进驱动器	SH20403	1
塑壳开关	NM1–63S/3300 20 A	1
接线端子排	TB–1512	3
自动空气开关	DZ47LE–32	1

2. 工（量）具清单

剥线钳、压线钳、尖嘴钳、斜口钳、螺丝刀（“一”字、“十”字）、多用表、测电笔。

3. 任务分工

任务分工见表 3–31。

表 3–31 任务分工表

任务名称	步进电动机安装与调试
组号	
组长	
组员	
成员分工	

4. 任务实施详述

（1）I/O 地址分配表见表 3–32。

表 3–32 I/O 地址分配表

输入信号		输出信号	
		脉冲信号	Y0
		方向信号	Y1

（2）PLC 梯形图如图 3-81 所示。

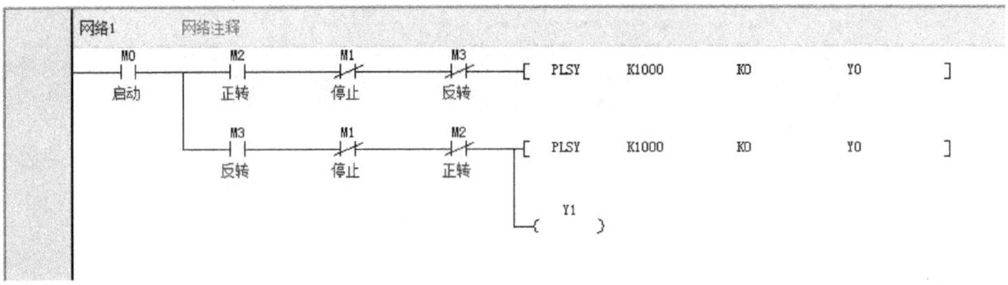

图 3-81　PLC 梯形图

（3）组态界面如图 3-82 所示。

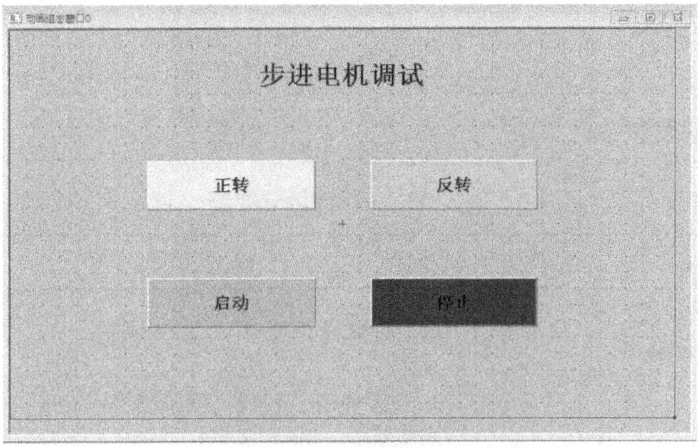

图 3-82　组态界面

（4）组态变量地址分配表如图 3-83 所示。

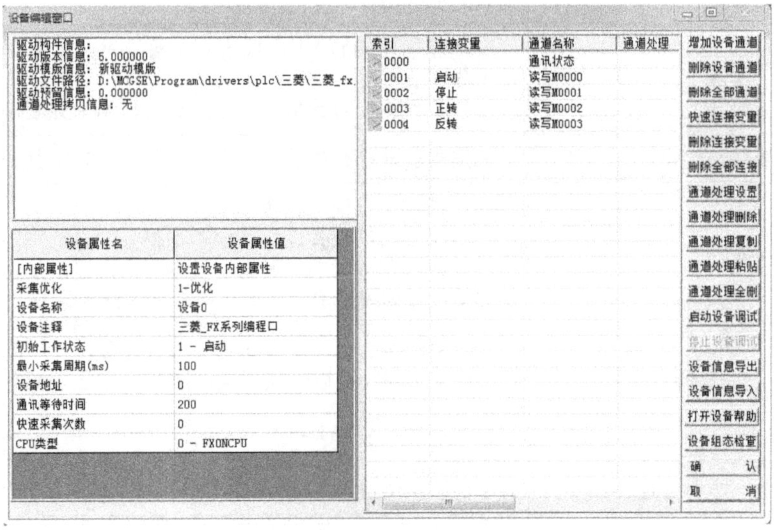

图 3-83　组态变量地址分配表

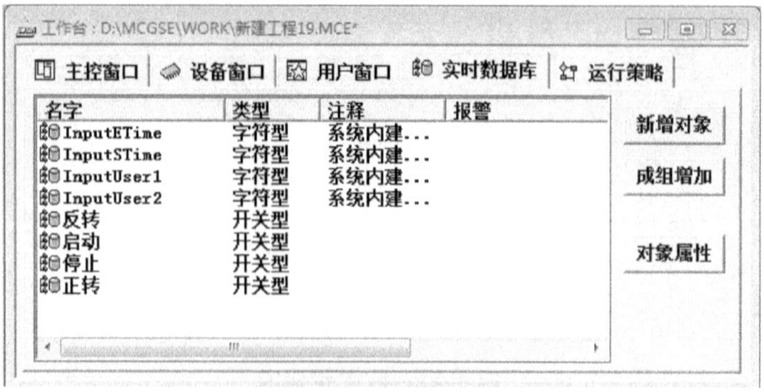

图 3-83　组态变量地址分配表（续）

3.5.7　任务评价

任务评价见表 3-33。

表 3-33　I/O 地址分配表

序号	内容	配分	评分标准	得分
1	电箱内主要器件选择	5	少用器件或用错器件，扣 1 分/件	
2	线路连接	30	（1）少接线或多接线，或接错线，或接线不牢，或外露铜丝过长，扣 3 分/根； （2）中性线未通过接零排，或地线不经过地线排，扣 5 分/处； （3）由于接错线或接线工艺差引起电气控制电路部分跳闸，则该项不得分；如果引起整个设备跳闸，则该大项不得分	
3	接线工艺	25	（1）箱内连接的 BVR 线未入线槽，或未盖盖板，扣 1 分/处； （2）导线未用接线端子，或未编号，扣 1 分/处	
4	器件参数设置	5	未按要求设置参数或参数设置错误，扣 1 分/处	
5	设备功能调试	25	（1）操作不正确，扣 3 分/处； （2）不能启动设备运行，该项不得分； （3）操作正确时功能不符合设备要求，扣 3 分/处；如果是接线错误造成的，则还需要扣线路连接分	
6	安全操作规程	5	符合要求得 5 分，基本符合要求得 3 分，一般得 1 分（有严重违规可以一项否决，如不听劝阻，可终止操作	
7	工具、耗材摆放、废料处理	3	根据情况，符合要求得 3 分，有 2 处错误得 1 分，有 2 处以上错误得 0 分	
8	工位整洁	2	根据情况，做到得 2 分，未做到扣 2 分	

任务 3.6　伺服电动机调试

3.6.1　思政目标

（1）引导学生深刻理解国家工业现代化的意义，激发学生的爱国情怀和责任意识。

（2）引导学生树立精益求精的工匠精神，追求技术的极致和完美。通过反复的实践和调试，让学生体验到技术进步的喜悦。

（3）设置团队任务，让学生在完成任务的过程中学会分工合作、沟通协调，培养他们的团队合作精神和集体荣誉感。

3.6.2　知识目标

（1）掌握台达伺服电动机及驱动器的工作原理，以及外部接线与调试方法。

（2）掌握汇川 H2U 系列 PLC 的工作原理，以及台达伺服电动机与驱动器外部接线及编程方法。

（3）掌握昆仑通态触摸屏的外部接线及使用方法。

3.6.3　技能目标

（1）能够根据工作任务要求完成伺服电动机控制线路的安装与调试。

（2）能够熟练掌握汇川 H2U 系列 PLC、台达伺服电动机与触摸屏之间的通信。

（3）能够正确使用电工工具，按照施工要求，团队协作完成台达伺服电动机控制线路的安装与调试。

3.6.4　知识链接

1. 伺服电动机简介

“伺服”一词源于希腊语“奴隶”的意思。伺服电动机是将输入的电压信号（控制电压）转换成转轴上的角位移或角速度输出，在自动控制系统中常作为执行元件，所以伺服电动机又称为执行电动机。其最大特点是：有控制电压时转子立即旋转，无控制电压时转子立即停转。转轴转向和转速是由控制电压的方向与大小决定的。

伺服电动机分为交流和直流两大类。交流伺服电动机优点：速度控制特性良好，在整个速度区内可实现平滑控制，几乎无振荡，高效率，发热少，高速控制，高精确度位置控制（取决于编码器精度），额定运行区域内可实现恒力矩，惯量小，噪声低，无电刷磨损，免维护（适用于无尘、易爆环境）。缺点：控制较复杂，驱动器参数需要现场调整 PID 参数确定，需要更多的连线。直流伺服电动机分为有刷电机和无刷电机。有刷电机成本低，结构简单，启动转矩大，调速范围宽，控制容易，需要维护，易产生电磁干扰。无刷电机体积小，质量轻，出力大，响应快，速度快，惯量小，力矩稳定，转动平滑，控制复杂，智能化，电子换相方式灵活，可以方波或正弦波换相，电机免维护，高效节能，电磁辐射小，温升低，寿命长，适用于各种环境。本书主要介绍交流伺服电动机。

交流伺服电动机由定子和转子两部分组成。其定子的构造基本上与电容分相式单相异步电动机相似，空间互成 90° 角的两个定子绕组分别为励磁绕组和控制绕组。运行时励磁绕组始终加上一定的交流励磁电压，控制绕组则加上大小或相位随信号变化的控制电压。交流伺服电动机在没有控制电压时，气隙中只有励磁绕组产生的脉动磁场，转子上没有转矩而静止不动。当有控制电压且控制绕组和励磁绕组电流不同相时，则在气隙中产生一个旋转磁场并产生电磁转矩，使转子沿旋转磁场方向旋转。在负载恒定的情况下，电动机的转速随控制电压的大小而变化，当控制电压的相位相反时，伺服电动机将反转。对伺服电动机的要求不仅是在控制电压作用下就能启动，且电压消失后电动机应立即停转，转速随着转矩的增加而匀速下降。如果控制信号电压消失后，电动机仍像单相电动机那样继续转动，这时电动机就会失去控制，这种现象称为“自转”。伺服电动机被严格要求当信号电压等于零时不能“自转”。

交流伺服电动机的转子通常做成鼠笼式，但为了使伺服电动机具有较宽的调速范围、线性的机械特性、无“自转”现象和快速响应的性能，它与普通电动机相比，应具有转子电阻大和转动惯量小这两个特点。目前应用较多的转子结构有两种形式：一种是采用高电阻率的导电材料做成的高电阻率导条的鼠笼转子，为了减小转子的转动惯量，转子做得细长；另一种是采用铝合金制成的空心杯形转子，杯壁很薄，仅 0.2～0.3 mm，为了减小磁路的磁阻，要在空心杯形转子内放置固定的内定子。空心杯形转子的转动惯量很小，反应迅速，而且运转平稳，因此，被广泛采用。

交流伺服电动机有 3 种控制方法，分别为幅值控制、相位控制和幅值–相位控制。

（1）幅值控制及特性。幅值控制通过改变控制电压 U 的大小来控制电动机转速，此时控制电压 U_k 与励磁电压 U_f 之间的相位差始终保持 90° 电角度。控制绕组为额定电压时所产生的气隙磁通势为圆形旋转通势，产生的电磁转矩最大。幅值控制接线如图 3–84 所示。

（2）相位控制及特性。相位控制是由改变控制绕组上电压的相位来控制交流伺服电动机转速的控制方式。通过改变控制电压 U_k 与励磁电压 U_f 之间的相位差来实现对电动机转速和转向的控制，而控制电压的值保持不变。相位控制接线如图 3–85 所示。

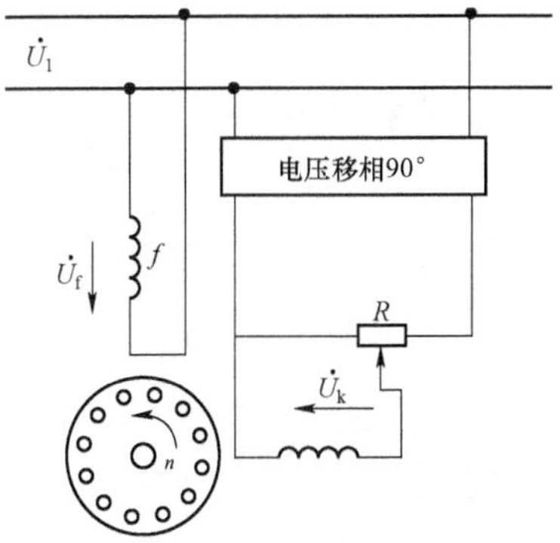

图 3-84　交流伺服电动机幅值控制接线

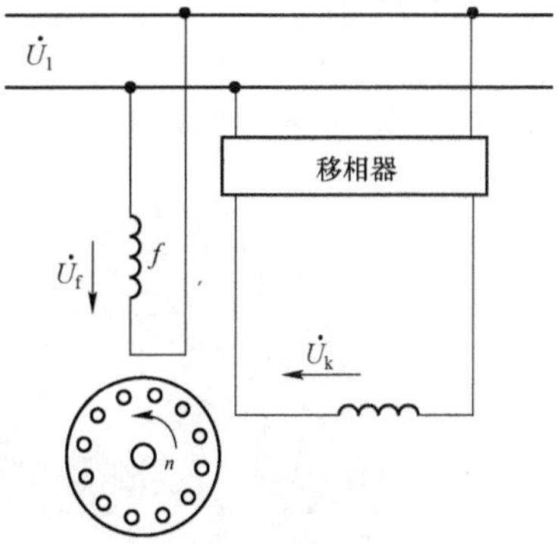

图 3-85　交流伺服电动机相位控制接线

（3）幅值-相位控制及特性。幅值-相位控制的交流伺服电动机接线方法是将励磁绕组串联电容后再接至交流电源，控制绕组的电压频率、相位与电源相同，但幅值可调。

和直流伺服电动机相比，交流伺服电动机转轴没有电刷和换向器，避免了火花产生；和异步电动机相比，由于交流伺服电动机的转子是永磁体，在很低的频率下也能运行，因此，在相同的条件下，交流伺服电动机的调速范围比异步电动机更宽，同时对转矩扰动有更强的承受力，能更快地响应，满足数控机床对进给电动机的要求。因此，交流伺服电动机取代了直流伺服电动机，在数控机床进给驱动中得到了广泛应用。交流伺服电动机的主要特性参数见表 3-34。

表 3-34　交流伺服电动机的主要特性参数

序号	数据名称	数据功能描述
1	额定功率	电动机长时间连续运行所能输出的最大功率，约为额定转矩与转速的乘积
2	额定转矩	电动机在额定转速下所能长时间输出的工作转矩
3	额定转速	由额定功率和额定转矩决定，通常在额定转速以上工作时，随着转速的升高，电动机长时间输出的工作转矩要下降
4	瞬时最大转矩	电动机所能输出的瞬时最大转矩
5	最高转速	电动机的最高工作转速
6	电动机转子惯量	转子转动惯量小，可以满足快速启动和无“自转”的伺服要求

2. 伺服驱动器

1）台达 ECMA c30604ps 型交流伺服电动机

台达 ECMA c30604ps 型交流伺服电动机外形如图 3-86 所示。

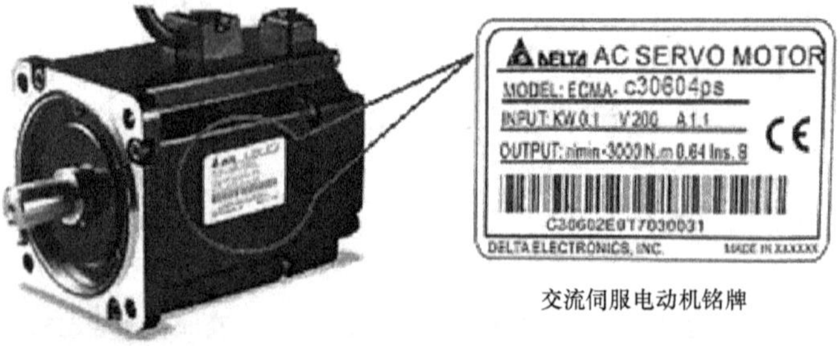

图 3-86 台达 ECMA c30604ps 型交流伺服电动机外形

台达 ECMA c30604ps 型交流伺服电动机型号的含义如图 3-87 所示。

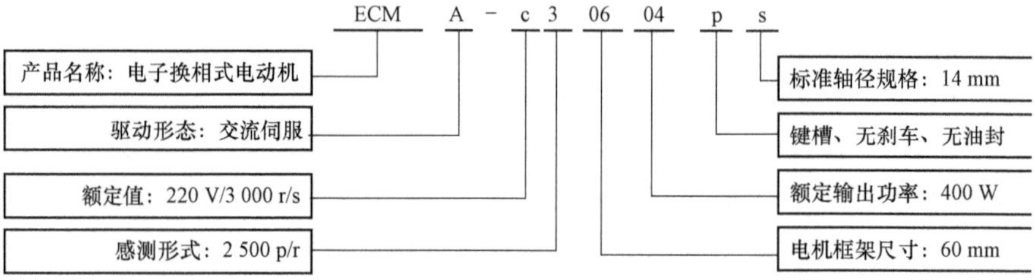

图 3-87 台达 ECMA c30604ps 型交流伺服电动机型号含义

2）台达 ASDA-A0421-AB 型伺服驱动器

（1）伺服驱动器的外形及连接线如图 3-88 所示。

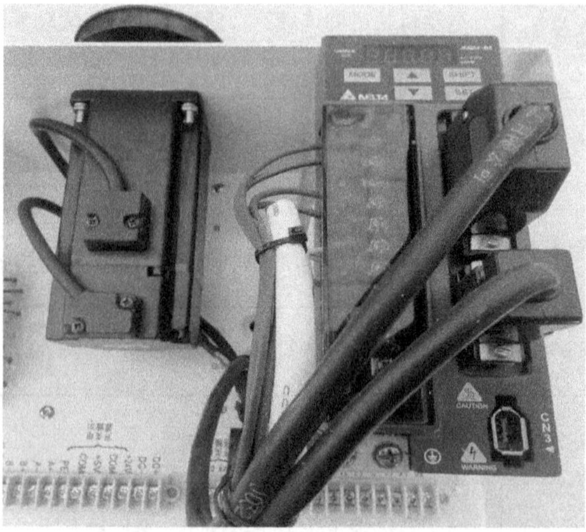

图 3-88 伺服驱动器的外形及连接线

（2）伺服驱动器标准规格。ASDA-AB 系列伺服驱动器主要用于需要“高速、高频度、高定位精度”的场合，该驱动器可以在最短的时间内最大限度地发挥机器性能，有助于提高生产效率。

ASDA-AB 系列伺服驱动器标准规格见表 3-35。

表 3-35　ASDA-AB 系列伺服驱动器标准规格

电源规格		单相：AC 200～255 V，50～160 Hz（1±5%）
连续输出电流［Arms］		6.2
冷却方式		自然冷却
编码器分辨率/反馈分辨率		2 500 p/r　10 000 p/r
主回路控制方式		SVPWM 控制
操控模式		手动/自动
动态刹车		内建
位置控制模式	最大输入脉冲频率	差动传输方式：500 kpps，开集极传输方式：200 SPP
	脉冲指令模式	脉冲+方向：A 相+B 相；CCW 脉冲+CW 脉冲
	指令控制方式	外部脉冲控制/内部寄存器控制
	指令平滑方式	低通及 P 曲线平滑滤波
	电子齿轮比	电子齿轮 N/M 倍，N：（1～32 767）/M：32 767（$150<N/M<200$）
	转矩限制	参数设定方式
	前馈补偿	参数设定方式

（3）台达伺服驱动器 ASDA-A0421-AB 型号的含义如图 3-81 所示。

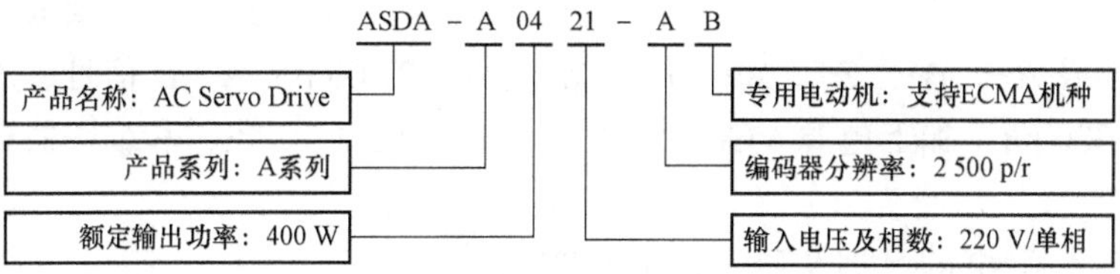

图 3-89　台达伺服驱动器 ASDA-A0421-AB 型号的含义

（4）伺服驱动器各部分的名称如图 3–90 所示。

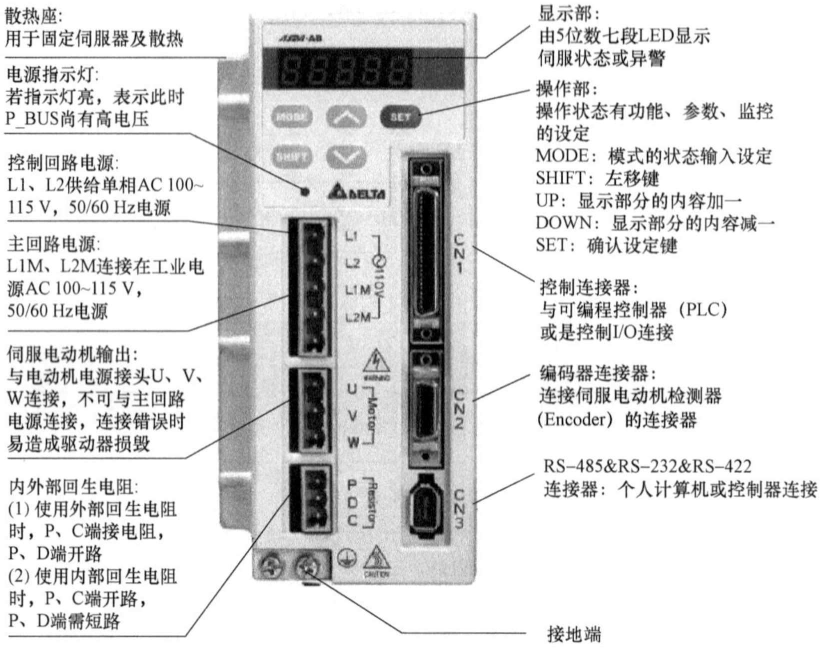

图 3–90　伺服驱动器各部分的名称

① 伺服单元 CN1 的名称及功能见表 3–36。

表 3–36　伺服单元 CN1 的名称及功能

信号名称	针号		功　　能
位置脉冲命令输入	PULSE	43	位置脉冲可以用差动（line driver）或集极开路成 3 种（正逆转脉冲、脉冲与方向、AB 相脉冲），可由参数 P1–100 来选择
	/PULSE	41	
	SIGN	36	
	/SIGN	37	

② 伺服单元 CN2 的名称及功能如下：

ECMA 系列的电机内附一个 2 500 p/r A、B、Z、U、V、W 的编码器。电源启动时，U+、V+、W+、U–、V–、W–信号即在 0.5 s 内以 6 条线告知驱动器，再下来同样 6 条线换成 A–、B+、Z+、A–、B–、Z–信号，2 500 p/r A、B 信号进入驱动器后即成为 10 000 p/r，加上电源 VCC（2 条）、地（GND）（2 条）和编码器连接线一共有 10 条。

伺服单元 CN2 的名称及功能见表 3–37。

表 3-37　CN2 编码器信号的名称及功能

信号名称		针号	功能	颜色
/Z 相输入	/Z	2	编码器 Z 相输出	黄/黑
/A 相输入	/A	4	编码器 A 相输出	蓝/黑
A 相输入	A	5	编码器 A 相输出	蓝
B 相输入	B	7	编码器 B 相输出	绿
/B 相输入	/B	9	编码器 B 相输出	绿/黑
Z 相输入	Z	10	编码器 Z 相输出	黄
编码器电源	+5 V	14	编码器用 5 V 电源	红与红/白
		16		
	GND	13	接地	黑与黑/白
		15		
屏蔽	屏蔽		屏蔽	屏蔽

3）驱动器的面板操作器

（1）面板各部分的名称及功能。驱动器的面板操作器外形如图 3-91 所示，各部分的名称及功能见表 3-38。

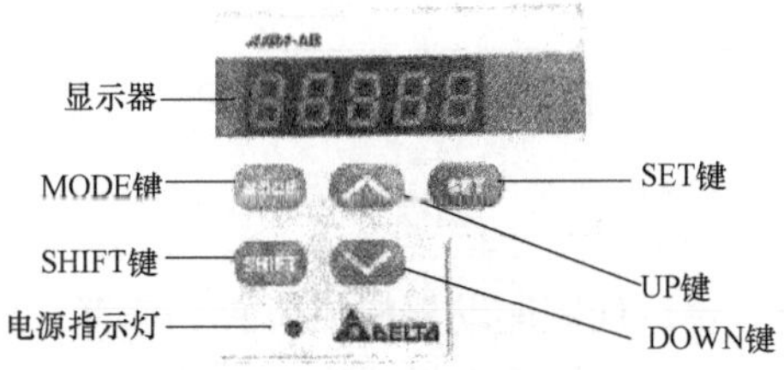

图 3-91　驱动器面板操作器外形图

表 3-38　驱动器面板各部分名称及功能

名称	功能
显示器	五组七段显示器用于显示监控值、参数值及设定值
电源指示灯	主电源回路电容量的充电显示
MODE 键	进入参数模式或脱离参数模式及设定模式
SHIFT 键	参数模式下可改变群组参数码。改定模式下闪烁字符左移可用于修正较高的设定字符值
UP 键	变更监控码、参数码或设定值
DOWN 键	变更监控码、参数码或设定值
SET 键	显示及存储设定值

面板操作器由面板显示器和按键两部分构成，通过面板操作器可以显示监控状态、参数模式及设定相应的参数值。

（2）面板操作流程。当驱动器接通电源时，显示器会自动进入监控显示模式，通过操作 UP/DOWN 键或 MODE 键，显示器将显示监控参数或参数模式，具体操作流程如图 3–92 所示。

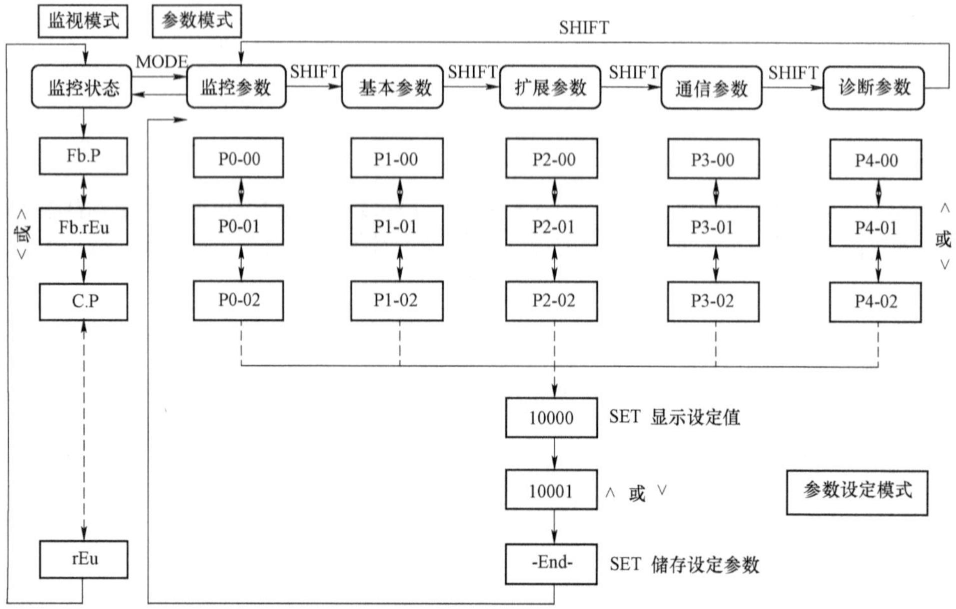

图 3–92　面板操作流程

4）位置控制模式

（1）控制模式选择。台达伺服驱动器提供位置、速度、扭矩 3 种基本操作模式，可使用单一控制模式，也可选择用混合模式来进行控制，每一种模式又分两种情况，所以共有 11 种控制模式，见表 3–39。

表 3–39　台达伺服驱动器控制模式

模式名称		模式代号	模式码	说明
单一模式	位置模式（端子输入）	Pt	00	驱动器接受位置命令，控制电动机至目标位置，位置命令由端子输入，信号形式为脉冲
	位置模式（内部寄存器输入）	Pr	01	驱动器接受位置命令，控制电动机至目标位置。位置命令由内部寄存器提供（共 8 组寄存器），可利用 D 信号选择寄存器编号
	速度模式	S	02	驱动器接受速度命令，控制电动机至目标转速。速度命令可由内部寄存器提供（共 3 组寄存器），或由外部模拟电压提供（−10 ～+10 V），命令是根据 DI 信号来选择的

续表

<table>
<tr><th colspan="2">模式名称</th><th>模式代号</th><th>模式码</th><th>说明</th></tr>
<tr><td rowspan="3">单一模式</td><td>速度模式
（无模拟输入）</td><td>Sz</td><td>04</td><td>驱动器接受速度命令，控制电动机至目标转速。速度命令仅可由内部寄存器提供（共3组寄存器），无法由外部模拟电压提供。命令是根据DI信号来选择的</td></tr>
<tr><td>扭矩模式</td><td>T</td><td>03</td><td>驱动器接受位置命令，控制电动机至目标位置。扭矩命令可由内部寄存器提供（共3组寄存器），或由外部模拟电压提供(−10 ～+10 V)，命令是根据DI信号来选择的</td></tr>
<tr><td>扭矩模式
（无模拟输入）</td><td>Tz</td><td>05</td><td>驱动器接受位置命令，控制电动机至目标位置。扭矩命令仅可由内部寄存器提供（共3组寄存器），无法由外部模拟电压提供。命令是根据DI信号来选择的</td></tr>
<tr><td colspan="2" rowspan="5">混合模式</td><td>Pt−S</td><td>06</td><td>Pt与S可通过DI信号切换</td></tr>
<tr><td>Pt−T</td><td>07</td><td>Pt与T可通过DI信号切换</td></tr>
<tr><td>Pr−S</td><td>08</td><td>Pr与S可通过DI信号切换</td></tr>
<tr><td>Pr−T</td><td>09</td><td>Pr与T可通过DI信号切换</td></tr>
<tr><td>S−T</td><td>10</td><td>S与T可通过DI信号切换</td></tr>
<tr><td colspan="2">备注</td><td colspan="3">● 将驱动器切换到SERVO OFF状态，可由DI的SON信号OFF来完成；
● 将参数P1−01中的控制模式设定填入表中的模式码；
● 设定完成后，将驱动器断电再重新送电即可</td></tr>
</table>

（2）位置控制（Pt）模式的基本设定。当伺服电动机采用位置控制模式驱动时需要设定的参数见表3−40。

表3−40　当伺服电动机采用位置控制模式驱动时需要设定的参数

序号	参数	名称	出厂值	设定值	功能说明
1	P2−08	特殊参数写入	0	10	参数复位（复位后请重新接通电源）。请先确认驱动状态，在设定此参数前，SERVO OOF，即断开SON信号线
2	P1−00	外部脉冲列指令输入形式设定	2	2	脉冲方式，脉冲列+符号
3	P1−01	控制模式及控制命令输入源设定	00	00	P：位置控制模式（命令由端子输入）

续表

序号	参数	名称	出厂值	设定值	功能说明
4	P1−44	电子齿轮比分子（*N*）	1	待定	多段电子齿轮比分子设定，设定范围 1～32 767
5	P1−45	电子齿轮比分母（*M*）	1	待定	多段电子齿轮比分母设定，设定范围 1～32 767

电子齿轮可提供简单易用的行程比例变更，当电子齿轮比为 1 时，命令端每个脉冲对应到电动机转动脉冲为 1 个脉冲；当电子齿轮比为 0.5 时，命令脉冲每两个脉冲对应到电动机转动脉冲才为 1 个脉冲。

由于编码器的反馈分辨率为 10 000，在驱动器参数初始化后（电子齿轮比为 1），伺服电动机接收 10 000 个脉冲信号，转子将转动 1 圈。可通过修改电子齿轮比参数 P1−44、P1−45，设定伺服电动机转动一圈所需要的脉冲数量。计算公式如下：

［每转脉冲数（N0）］=［反馈分辨率］-［电子齿轮比（*N*/*M*）］

5）典型电路

YL−156A 实训装置伺服电动机模块采用伺服驱动器位置控制模式，标准接线图如图 3−93 所示。

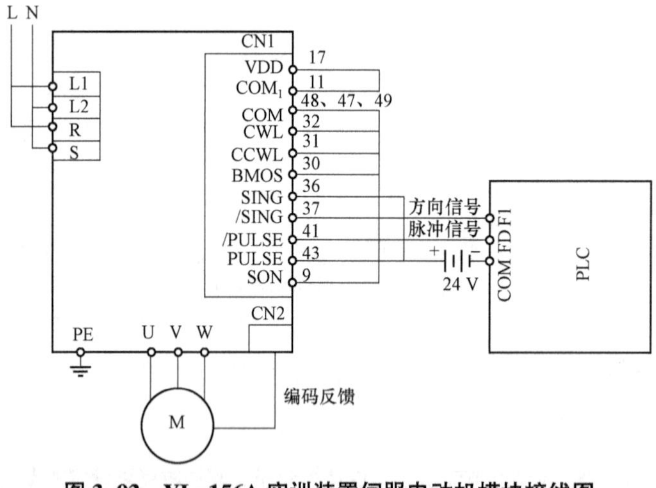

图 3−93　YL−156A 实训装置伺服电动机模块接线图

3. 传感器

传感器是将被测非电量信号转换为与之有确定对应关系电量输出的器件或装置。传感器通常由敏感元件、转换元件及转换电路组成。

1）传感器的分类及其工作原理

YL−156A 型电气安装与维修实训考核装置中使用的传感器有光电式传感器、电容式传感器及电感式传感器这 3 种类型。

（1）光电式传感器。光电式传感器是将发射器和接收器集于一体，根据光电效应原理，当有被测物体（反光面）时，接收器就能接收到物体反射回来的部分光线，通过检测电路产生的电信号输出，这样便可检测到物体了。它的有效作用距离取决于物体的表面性质和颜色。

（2）电容式传感器。电容式传感器相当于一个电容器，当有金属或非金属物体靠近时，会使电容器的介电常数发生变化，从而使电容量发生变化，测量电路状态也随之变化，由此可控制开关的接通与断开。它的有效作用距离主要取决于材料的介电常数，大多数的传感器还可通过其内部的电位器进行调节，设定有效作用距离。

（3）电感式传感器（也称涡流式接近开关）。当导电物体接近能产生磁场的电感式传感器时，导电物体内部产生涡流：这个涡流反作用到接近开关，使开关内部电路参数发生变化，并转换为开关信号输出，从而识别出有无导电物体移近。这种传感器所能检测的物体必须是导电体。

2）传感器的图形符号

部分传感器的图形符号如图 3–94 所示。

图 3–94　传感器的图形符号

3）传感器与 PLC 的接线图

传感器又分为 NPN 型和 PNP 型两种，它们与 PLC 的连接如图 3–95 所示。

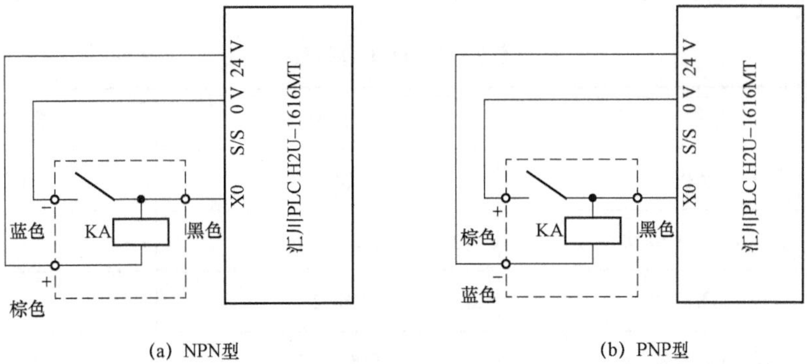

图 3–95　传感器与 PLC 的接线图

3.6.5　任务内容

交流伺服电动机控制要求分为调试和运行两种模式。无论哪种模式，交流伺服电动机必须回原点（光电传感器）才能操作。当交流伺服电动机运行时，由原点先到达 A 点（电容传感器）后停 5 s，向相反方向运动，到达 B 点后，停止 5 s，回原点。交流伺服电动机接线图如图 3-96 所示。

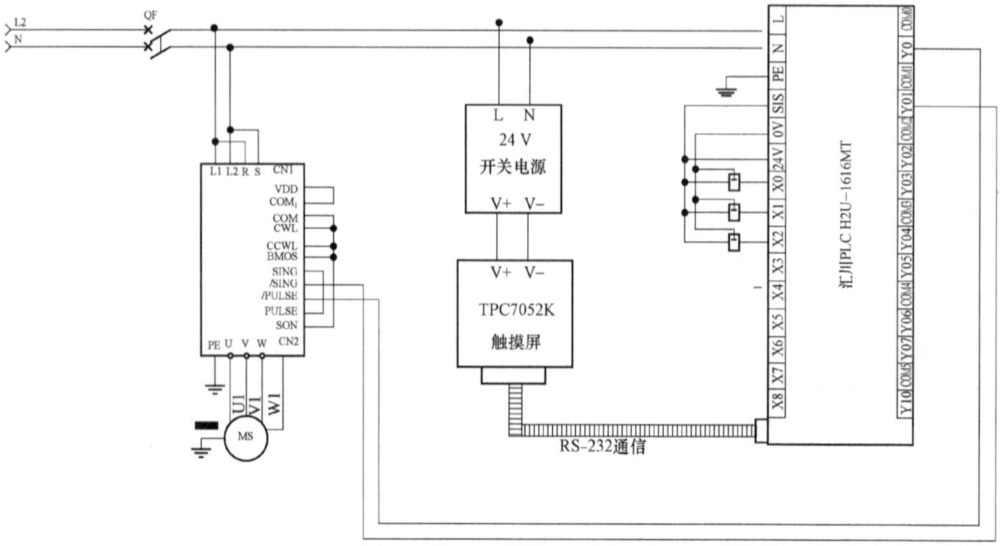

图 3-96　交流伺服电动机接线图

3.6.6　任务实施

1. 材料清单

材料清单见表 3-41。

表 3-41　材料清单表

名称	规格	数量
三相异步电动机（双速）	YS502/4	1
汇川 PLC 主模块	H2U-1616MT	1
PLC 通信线	RS-232	1
昆仑通态触摸屏	TPC7062Ti	1
塑壳开关	NM1-63S/3300 20 A	1
台达交流伺服电动机驱动器	ASDA-A0421-AB	1
台达交流伺服电动机	ECMA c30604ps	1
接线端子排	TB-1512	3
自动空气开关	DZ47LE-32	1

2. 工（量）具清单

剥线钳、压线钳、尖嘴钳、斜口钳、螺丝刀（“一”字、“十”字）、多用表、测电笔。

3. 任务分工

任务分工见表 3–42。

表 3–42 任务分工表

任务名称	交流伺服电动机自动往返控制线路安装与调试
组号	
组长	
组员	
成员分工	

4. 任务实施详述

（1）I/O 地址分配表见表 3–43。

表 3–43 I/O 地址分配表

输入信号		输出信号	
光电式传感器	X0	脉冲信号	Y0
电容式传感器	X1	方向信号	Y1
电感式传感器	X2		

（2）PLC 梯形图如图 3–97 所示。

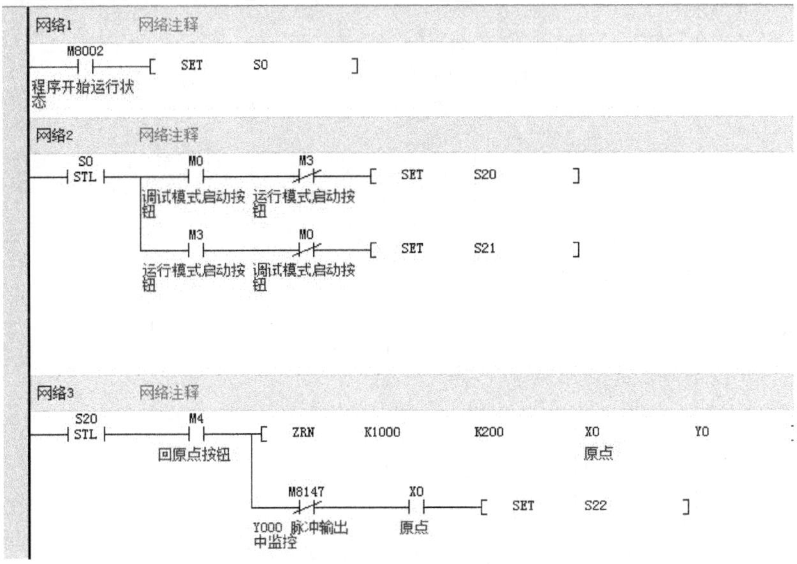

图 3–97 PLC 梯形图

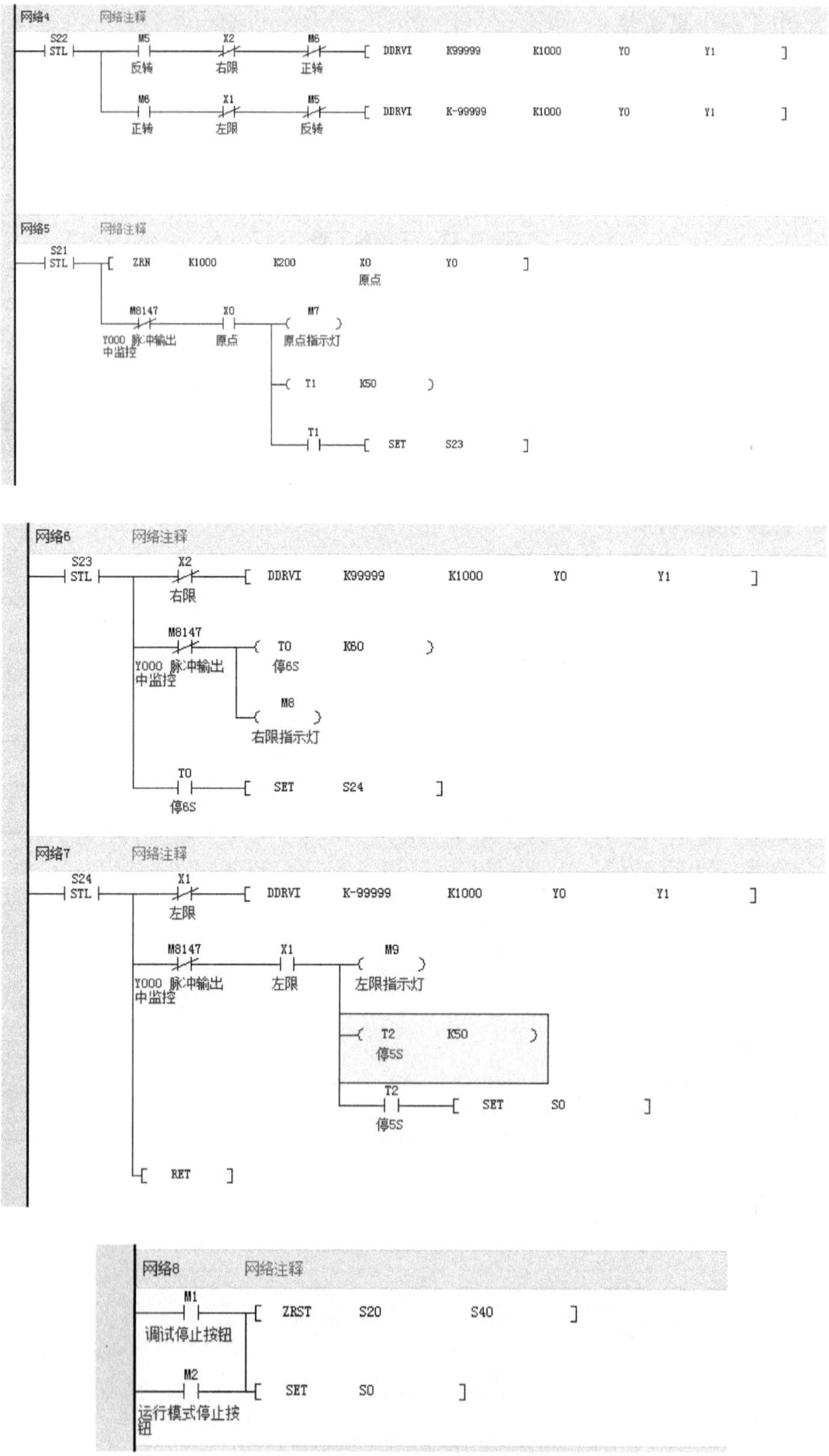

图 3–97 PLC 梯形图（续）

（3）组态界面如图 3-98 所示。

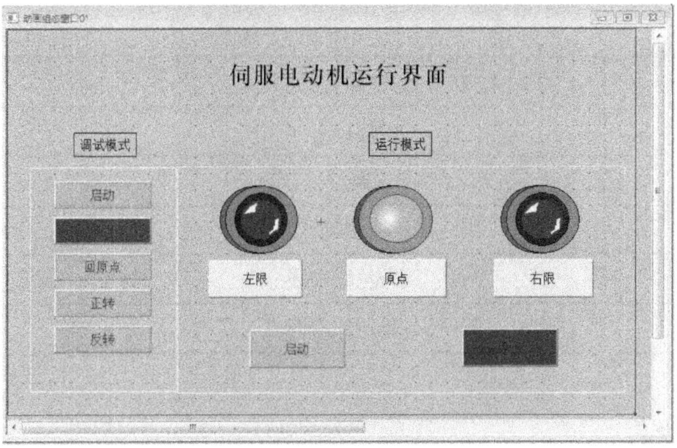

图 3-98　组态界面图

（4）组态变量地址分配表如图 3-99 所示。

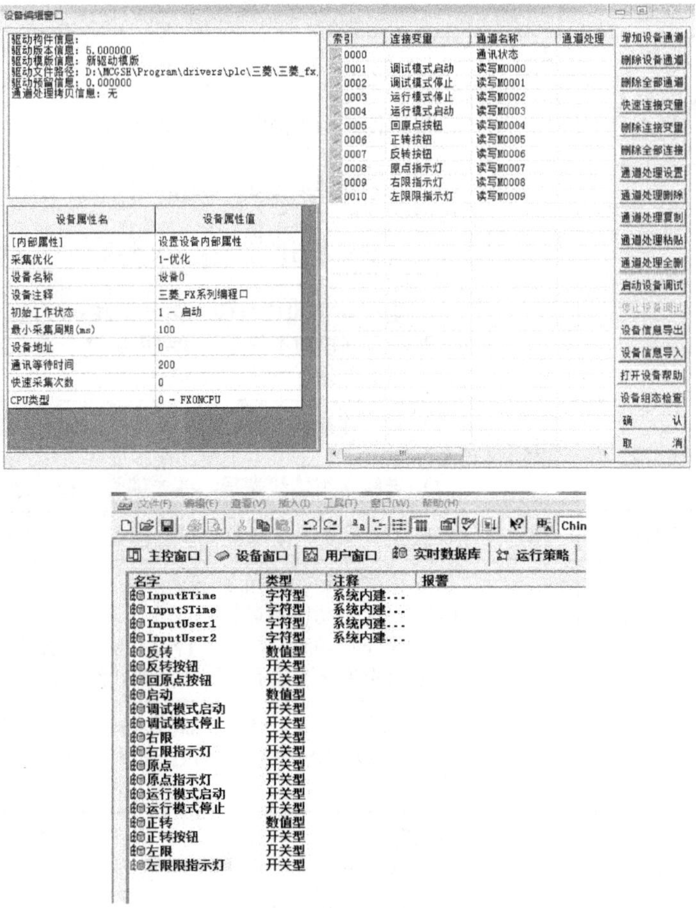

图 3-99　组态变量地址分配表

（5）台达伺服驱动器参数设置见表 3-44。

表 3-44　台达伺服驱动器参数表

参数号	参数含义	设定值
P2-08	恢复出厂值	10
P1-00	脉冲输入形式	2
P1-01	控制模式	0
P1-44	齿轮比分子	10
P1-45	齿轮比分母	1

3.6.7　任务评价

任务评价见表 3-45。

表 3-45　任务评价表

序号	内容	配分	评分标准	得分
1	电箱内主要器件选择	5	少用器件或用错器件，扣 1 分/件	
2	线路连接	30	（1）少接线或多接线，或接错线，或接线不牢，或外露铜丝过长，扣 3 分/根； （2）中性线未通过接零排，或地线不经过地线排，扣 5 分/处； （3）由于接错线或接线工艺差引起电气控制电路部分跳闸，则该项不得分；如果引起整个设备跳闸，则该大项不得分	
3	接线工艺	25	（1）箱内连接的 BVR 线未入线槽，或未盖盖板，扣 1 分/处； （2）导线未用接线端子，或未编号，扣 1 分/处	
4	器件参数设置	5	未按要求设置参数或参数设置错误，扣 1 分/处	
5	设备功能调试	25	（1）操作不正确，扣 3 分/处； （2）不能启动设备运行，该项不得分； （3）操作正确时功能不符合设备要求，扣 3 分/处；如果是接线错误造成的，则还需要扣线路连接分	
6	安全操作规程	5	符合要求得 5 分，基本符合要求得 3 分，一般得 1 分（有严重违规可以一项否决，如不听劝阻，可终止操作	
7	工具、耗材摆放、废料处理	3	根据情况，符合要求得 3 分，有 2 处错误得 1 分，有 2 处以上错误得 0 分	
8	工位整洁	2	根据情况，做到得 2 分，未做到扣 2 分	

项目 4
常用机床电气线路故障检测与排除

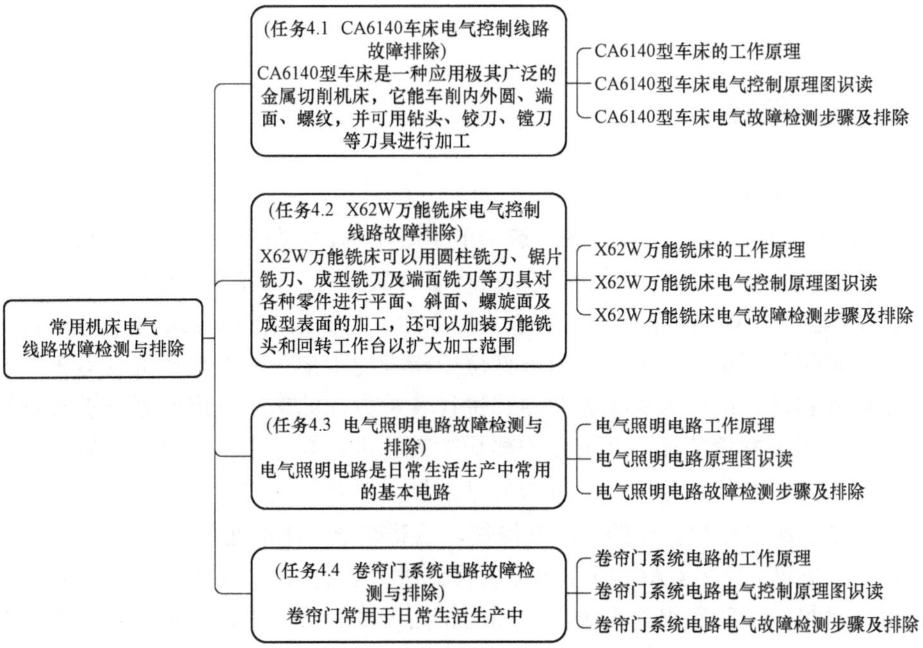

任务 4.1 CA6140 车床电气控制线路故障排除

4.1.1 思政目标

（1）让学生深入理解 CA6140 车床的工作原理、调试方法及其在工业自动化中的重要地位，从而培养学生的工匠精神和责任意识。

（2）通过分组实践、小组讨论等形式，让学生学会在团队中发挥自己的长处，积极与团队成员沟通交流，共同解决问题。

（3）鼓励学生勇于探索、敢于创新，引导学生关注电动机技术的最新动态，尝试将新技术、新方法应用于实际调试过程中，从而提升学生的创新意识和实践能力。

4.1.2　知识目标

（1）掌握 CA6140 车床电气控制原理图的工作原理及动作过程。

（2）熟悉《电气安全工作规程》相关知识。

4.1.3　技能目标

根据 CA6140 车床电气控制原理图，在电气线路控制板上检测并排除故障，使该电路能正常工作。

4.1.4　知识链接

1. CA6140 车床简介

CA6140 车床是一款机械设备制造中的重要工具，它在机床制造业中扮演着关键角色。这款车床在 C620 车床的基础上进行了升级，可以加工复杂的零件。

在结构上，CA6140 车床具有多个关键部件。主轴箱中的主轴用于装夹工件，并通过夹盘等夹具固定。床鞍和刀架部件位于床身的中部，刀架部件可以沿床身上的轨道做纵向移动，用于装夹车刀并使其进行各种方向的运动。尾座则位于床身的尾座轨道上，用于支撑工件，并可以安装加工刀具进行孔加工。进给箱和溜板箱分别用于改变加工螺纹的螺距或机动进给的进给量，以及带动刀架进行各种方向的进给和快速移动。床身作为机床的基本支撑件，承载整个机床的运作。

在操作方面，使用 CA6140 车床需要首先进行全面的安全性检查，然后开启总开关和主电动机，调整操纵杆以确保主轴的正向转动。接下来，根据所要加工的零部件的特点，进行科学的操作规划，设定合适的转速、操作方向等参数。加工过程中，可以通过调整滑板的手柄来精细化控制丝杠的移动距离，以满足不同精度要求的零部件加工。

在参数方面，CA6140 车床的尺寸和质量根据具体型号有所不同，但一般来说，其长度、宽度和高度都相当可观，质量也会随着长度的增加而变大。它的最大长度可以达到 3.85 m，最大宽度达 1.52 m，最大高度达 2.01 m，而质量最高可达 3.42 t。这样的规格使得它能够处理大型和复杂的零部件加工任务。

价格方面，CA6140 车床的价格受到多种因素的影响，包括长度、质量、零部件的配置和铸型材料的纯度等。一般来说，市面上的 CA6140 车床价格在 30 000～70 000 元，但高配置的车床价格可能会更高。

总的来说，CA6140 车床是一款功能强大、结构复杂的机械设备，能够满足各种加工需求，是制造业中不可或缺的重要工具。如需更多关于 CA6140 车床的信息，建议查阅相关机械制造专业书籍或咨询该领域的专业人士。

2. CA6140 车床电气控制电路工作原理

1）CA6140 车床的主要结构和运动形式

CA6140 车床是一种应用广泛的金属切削机床，它能车削内外圆、端面、螺纹，并可用钻头、铰刀、镗刀等刀具进行加工。

CA6140 车床的主要结构及外形图如图 4–1 所示。车床主要有 3 种运行形式，具体如下。

（1）主轴上的卡盘和顶尖带着工件的旋转运动，称为主运动。

（2）溜板带着刀架的直线运动，称为进给运动。

（3）刀架的快速直线运动，称为辅助运动。

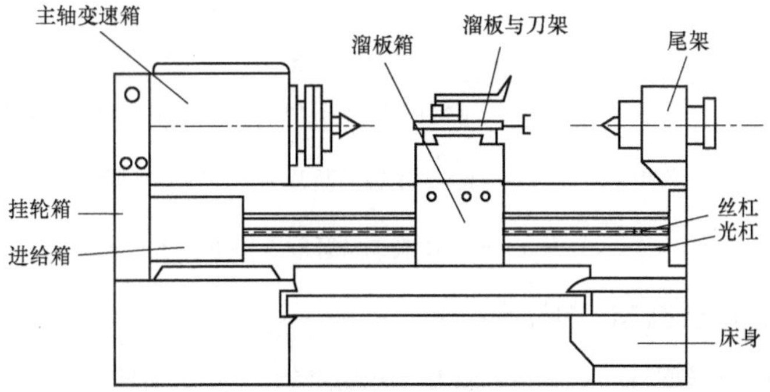

C—车床；A—结构特性代号；6—落地卧式车床组；1—卧式车床系；40—主参数折算值

图 4–1　CA6140 车床的外形图

2）主电路分析

三相电源由电路模板上的接线端子引入，经过带漏电保护的空气开关 QS1 控制整个电路的电源。熔断器 FU1 起到整个电路的短路保护。主电路中有 3 台电动机。

（1）主轴电动机 M1。主轴电动机 M1 由交流接触器 KM1 控制启动和停止，热继电器 FR1 作为 M1 的过载保护。主轴电动机 M1 直接启动，单方向运转，用于带动主轴旋转及刀架做进给运动。

（2）冷却泵电动机 M2。冷却泵电动机 M2 由交流接触器 KM2 控制启动和停止，热继电器 FR2 作为它的过载保护。只有在主轴电动机 M1 启动后，冷却泵电动机 M2 才能启动。冷却泵电动机用于向刀具、工件输送冷却液，以防止刀具和工件的温升过高。

（3）刀架快速移动电动机 M3。刀架快速移动电动机 M3 通过交流接触器 KM3 接通三相电源，控制启动和停止。因快速移动电动机 M3 是短期工作，故可不设过载保护。

3）控制电路分析

CA6140 车床电气控制原理图如图 4–2 所示。控制电路电源由控制变压器 TC 提供两组输出电压：一组为 127 V，用于交流接触器线圈的控制电压；另一组为 36 V，用于照明灯及指示灯 HL1、HL2、HL3 的工作电压。

（1）主轴电动机 M1 的控制如下：

按下 SB2 → KM1 线圈得电 → KM1主触点闭合 → M1运转
→ KM1 辅助常开触点（18～15）闭合 → 自锁
→ KM1 辅助常开触点（25～26）闭合 → 为启动M2做准备

按下SB1 → KM1 线圈得电 → KM1 主触点断开 → M1 停止运转
→ KM1 辅助常开触点（18～15）复位 → 自锁触除

按下SB2 → KM1 线圈得电 → KM1 主触点闭合 → M1运转
→ KM1 辅助常开触点（18～15）闭合 → 自锁
→ KM1 辅助常开触点（25～26）闭合 → 为启动M2做准备

按下 SB1 → KM1 线圈得电 → KM1 主触点断开 → M1 停止运转
→ KM1 辅助常开触点（18～15）复位 → 自锁触除

（2）冷却泵电动机 M2 的控制如下：

按下SB2 → KM1 线圈得电 → KM1 主触点闭合 → M1运转
→ KM1 辅助常开触点（18～15）闭合 → 自锁
→ KM1 辅助常开触点（25～26）闭合
→ QS2 合上 → KM2 线圈得电 → KM2 主触点闭合 → M2 运转

按下SB2 → KM1线圈得电 → KM1主触点闭合 → M1运转
→ KM1辅助常开触点（18～15）闭合 → 自锁
→ KM1 辅助常开触点（25～26）闭合
→ QS2合上 → KM2线圈得电 → KM2主触点闭合 → M2运转

按下 SB1 或断开 QS2，冷却泵电动机 M2 停止运转。

（3）刀架快速移动电动机 M3 的控制。按钮 SB3 与交流接触器 KM3 组成点动控制环节，按下 SB3，交流接触器线圈 KM3 得电，KM3 主触点吸合，M3 运转，刀架快速移动；释放 SB3，KM3 线圈失电，KM3 主触点断开，M3 停止运转，即刀架停止移动。

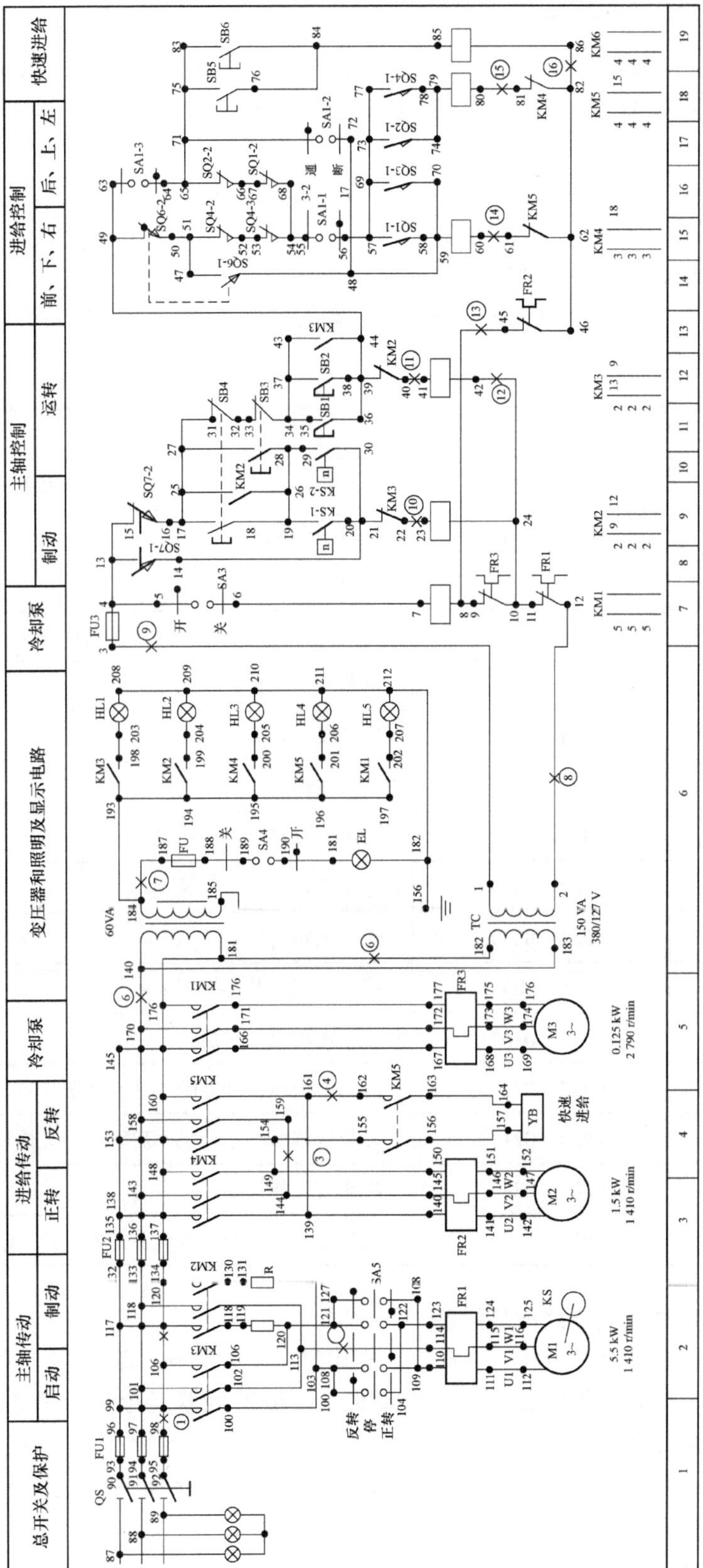

图 4-2 CA6140 车床电气控制原理图

4）照明和信号灯电路的控制

（1）照明与显示。控制变压器 TC 副边输出一组 36 V 电压，为照明灯 EL 及电动机运行指示灯 HL1、HL2、HL3 提供电源，由开关 SA 控制，FU4 熔断器作短路保护。

（2）通电指示。控制变压器 TC 副边输出一组 127 V 电压，为控制电路及通电指示灯提供电源，由 FU3 作短路保护。

2. CA6140 车床典型故障

YL-156A 实训装置中机床电路板所设置的典型故障，见表 4-1。

表 4-1

故障序号	故障点	故障描述
1	（038，041）	全部电动机均缺一相，所有控制回路失效
2	（049，050）	主轴电动机缺一相
3	（052，053）	主轴电动机缺一相
4	（060，067）	M2、M3 电动机缺一相，控制回路失效
5	（063，064）	冷却泵电动机缺一相
6	（075，076）	冷却泵电动机缺一相
7	（078，079）	刀架快速移动，电动机缺一相
8	（084，085）	刀架快速移动，电动机缺一相
9	（002，005）	除照明灯外，其他控制均失效
10	（004，028）	控制回路失效
11	（008，009）	指示灯亮，其他控制失效
12	（015，016）	主轴电动机不能启动
13	（017，022）	除刀架快速移动控制外其他控制失效
14	（020，021）	刀架快速移动电动机不启动，刀架快速移动失效
15	（022，028）	机床控制均失效
16	（026，027）	主轴电动机启动，冷却泵控制失效，QS2 不起作用

3. 机床电气控制电路故障排除

在进行机床排除故障（简称排故）操作时，需要做到“眼看”“耳听”：眼看指示灯的亮暗、电动机的运转；耳听电动机、交流接触器运行时的声音是否正常，可以帮助找到故障的部位。

结合 YL-156A 型实训考核装置的特点，机床电气控制电路排故的方法和操作步骤可按下面的流程执行。

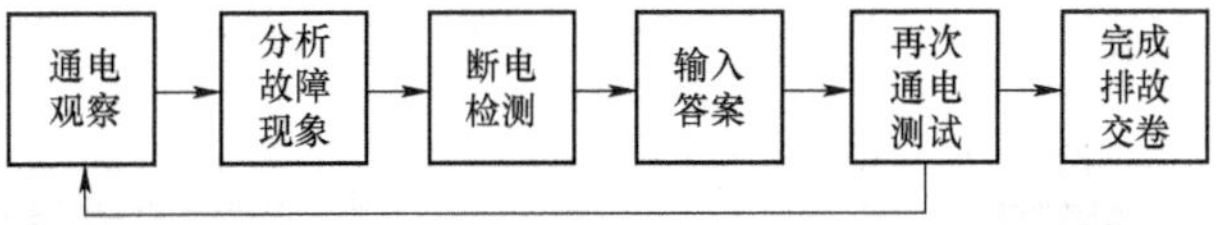

4. 智能答题器的使用

1）智能答题器

故障点设置是由答题器上的单片机控制的，与智能答题器配合，只需要把故障点的正确答案输入到答题器即可把故障排除。

智能答题器的面板主要由数码管及按键组成，数码管显示题号和故障信息，按键输入答案。智能答题器的面板如图 4–3 所示。

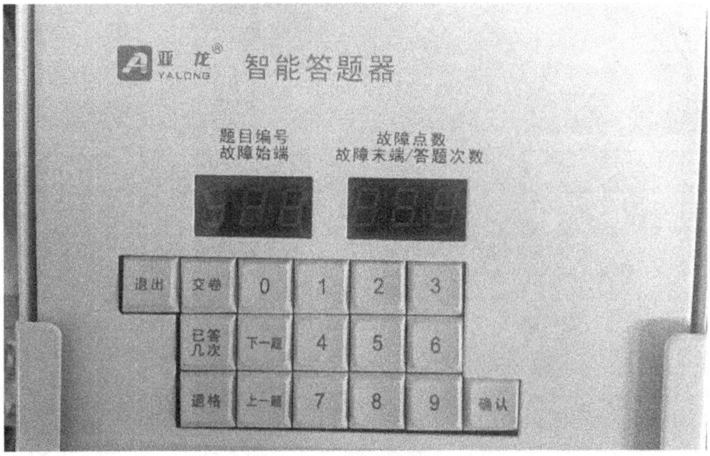

图 4–3 智能答题器的面板

2）智能答题器的使用

智能答题器的使用方法和操作步骤如下。

（1）将答题器的数据线与机床电路板数据接口连接，将答题器的工作电源与 5 V 电源相连接。电源接通后，智能答题器面板显示“题号”和“点数”。

（2）检测到电路故障位置后，将故障点“××××××”输入答题器中，按“确认”键。当听到“嘀”的一声，表示输入答案正确，故障被排除，同时点数自动减 1；当听到“嘀、嘀”两声，表示输入答案错误，智能答题器仍然显示初始界面，“点数”不变。此时需要重新查找故障点，继续作答完成本题所有的故障点，直至显示“00”。

（3）按“下一题”键，完成所有题目中的所有故障点，操作方法同上。

（4）按“交卷”键，显示“UP”；再按“确认”键，出现“END”，表示交卷成功。

答题器的使用方法和操作步骤如图 4–4 所示。

(a) 初始界面

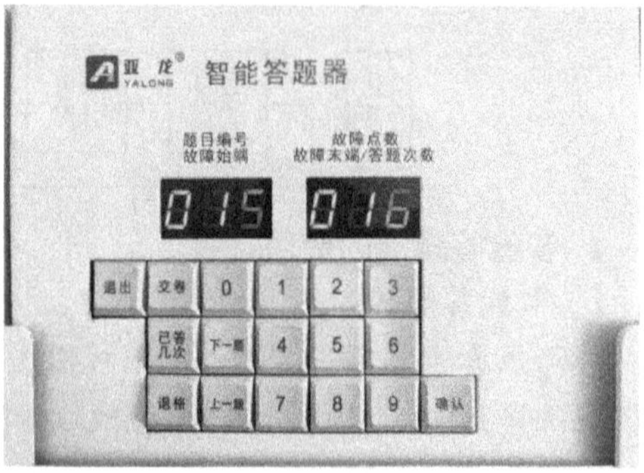

(b) 输入答案

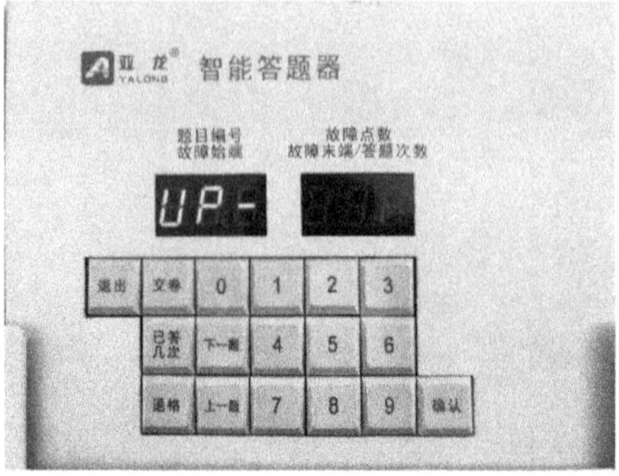

(c) 按“下一题”键

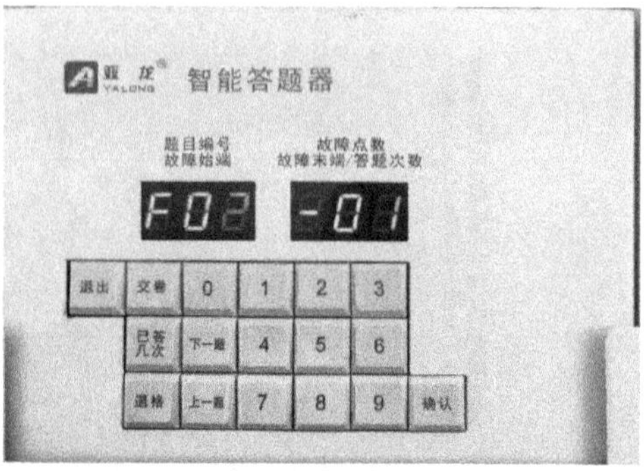

(d) 交卷确认

图 4-4 答题器的使用方法和操作步骤

4.1.5 任务内容

根据 CA6140 车床电气控制原理图，排除 CA6140 车床电气控制电路板上所设置的故障。① 接通电源，通电指示灯 HL 不亮，控制回路均失效；② 主轴电动机不能启动，但刀架快速移动电动机能启动；③ 主轴电动机不能启动。

请根据以上故障现象完成以下工作任务：① 排除电气控制电路的故障，使该电路能正常工作；② 按要求填写维修工作票。

在完成工作任务的过程中，请严格遵守电气维修的安全操作规程。

4.1.6 任务实施

1. 工具清单

工具：验电笔、答题笔。

2. 仪表及设备

多用表、YL-156A 型实训考核装置、智能答题器、CA6140 车床排故电路板、三相异步电动机模块、安全插接导线若干。

3. 任务实施详述

CA6140车床电路智能实训考核单元如图4–5所示，机床排故具体操作步骤如下。

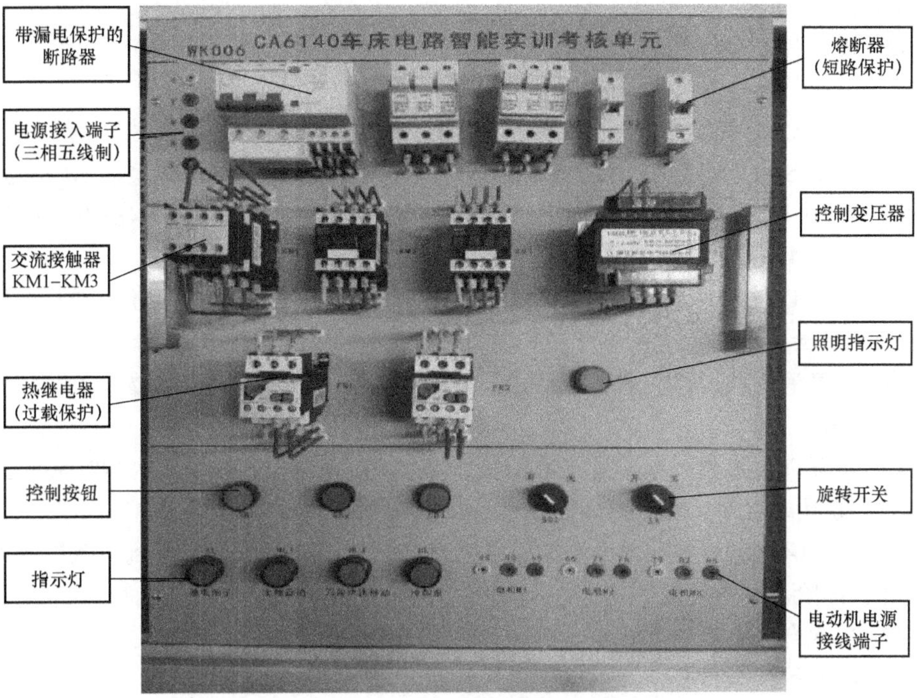

图 4–5　CA6140 车床电路智能实训考核单元

1）排除第一个故障点

① 合上 QS1 电源开关，通电指示灯 HL 不亮；旋转 SA 开关，照明指示灯 EL 亮。说明控制变压器 TC 一组 127 V 输出回路有故障。

② 按下 SB2、SB3，交流接触器 KM1、KM3 均不吸合。初步判断故障路径在“2–5”或“1–3–4–28–22”。

③ 旋转 QS2，人为按压 KM1，交流接触器 KM2 吸合，说明故障点在“22–28”之间。

④ 断开 QS1 电源开关，将数字多用表打到 1K 挡，红表笔接 KM3 上的 22 号接线端子，黑表笔接 KM2 上的 28 号端子，多用表显示“1”，表示开路，确定故障点在“22–28”。

⑤ 将“022028”答案输入智能答题器中，按下“确认”键，听到“嘀”一声，该故障已排除。

⑥ 再次合上 QS1 电源开关，重复以上操作步骤，设备正常工作。

2）排除第二个故障点

① 合上 QS1 电源开关，通电指示灯 HL 亮；按下 SB2，接触器 KM1 不吸合；再按下 SB3，KM3 能吸合，说明故障路径在 KM1 支路。

② 断开 QS1 电源开关，将数字多用表打到 1K 挡，红表笔接 KM1 上的 15 号接线端子，黑表笔接 KM 上的 16 号端子，多用表显示“1”，表示开路，确定故障点在

“15–16”。

③ 将“015016”答案输入智能答题器中，按下“确认”键，听到“嘀”一声，该故障已排除。

④ 再次合上 QS1 电源开关，重复以上操作步骤，设备正常工作。

3）排除第三个故障点

① 合上 QS1 电源开关，通电指示灯 HL 亮；旋转 SA 开关，照明指示灯 EL 亮。

② 按下 SB2、SB3，交流接触器 KM1、KM3 均吸合，但主轴电动机 M 不运转。初步判断故障路径在主电路：“41–42–43–44–45”、“46–47–48–49–50”或“51–52–53–3455”这 3 条支路。

③ 断开 QS1 电源开关，将数字多用表打到 1K 挡，红表笔接 KM1 上的 42 号接线端子，黑表笔接 FR1 上的 43 号端子，多用表显示“0”，表示通路。

④ 红表笔不动，移动黑表笔至 44、45 号接线端子，多用表均显示“0”，说明该支路正常。

⑤ 重复以上步骤，检测主电路的另两条支路，结果发现：检测“49–50”之间电阻时、多用表显示“1”，确定故障点在“49–50”。

⑥ 将“049050”答案输入智能答题器中，按下“确认”键，听到“嘀”一声，该故障已排除。

⑦ 再次合上 QS1 电源开关，重复以上操作步骤，设备正常工作。

4）填写维修工作票

根据对故障现象的观察、故障点的检测和排除过程，需要填写维修工作票。维修工作票的填写要求文字简练，意思表达明确即可，具体填写内容及格式见表 4–2。

表 4–2　CA6140 车床维修工作票

工位号	（学生填写）
工作任务	根据机床电气控制原理图完成电气控制线路故障检测与排除
工作时间	自××××年××月××日××时××分至自××××年××月××日××时××分
工作条件	检测及排故过程　停电；观察故障现象和排除故障后试机　通电
工作许可人签名	（指导教师填写）
维修要求	1. 工作许可人签名后方可进行检查。 2. 对电气线路进行检测，确定线路的故障点并排除。 3. 严格遵守电工操作安全规程。 4. 不得擅自改变原线路界限，不得更改电路和元件位置。 5. 完成检修后能使该车床正常工作
维修时的安全措施	1. 在检测及维修时停电操作并挂安全警示牌。 2. 严格遵守电工操作安全规程，穿工作服、戴安全帽及穿电工鞋。 3. 执行谁断电，谁送电；注意一人操作，一人监护

续表

故障现象描述	通电指示灯 HL 不亮，控制回路均失效	KM1 不吸合，但刀架快速移动，电动机 M3 正常运转	KM1 吸合，但主轴电动机 M1 不启动，其他电动机均能启动
故障检测和排除过程	根据故障现象可判断：故障路径为“2–5”或“4–28–22–17”。断开 QS1，用电阻挡 1K，依次检测“2–5”“4–28–22–17”，发现“22–28”之间的电阻为 1，说明故障断电在“22–28”。 消除“22–28”断点，故障排除	根据故障现象可判断：故障路径为“11–12–13–14–15–16–17”。断开 QS1，用电阻挡 1K 依次检测。发现“15–16”之间的电阻为 1，说明故障点在“15–16”。消除“15–16”断点，故障排除	根据故障现象可判断：故障路径为“41–42–43–44–45”“46–47–48–49–50”“51–52–53–54–55”及电动机 M1 主回路。 断开 QS1，用电阻挡 1K，依次检测 M1 主电路这 3 条支路，发现：“49–50”之间电阻为 1，说明故障点在“49–50”。 消除“49–50”断点，故障排除
故障点描述	“22–28”之间有断点故障	“15–16”之间有断点故障	“49–50”之间有断点故障

4.1.7　任务评价

任务评价见表 4–3。

表 4–3　CA6140 车床故障检测排故评价表

序号	评价内容	配分	评价标准	自我评价	老师评价
1	第一个故障点	20	（1）错误输入故障点，扣 2 分/次 （2）没有排除该故障点，扣 20 分（最多可扣 20 分）		
2	第二个故障点	20	（1）错误输入故障点，扣 2 分/次 （2）没有排除该故障点，扣 20 分（最多可扣 20 分）		
3	第三个故障点	20	（1）错误输入故障点，扣 2 分/次 （2）没有排除该故障点，扣 20 分（最多可扣 20 分）		
4	维修工作票填写	20	（1）维修时的安全措施描述不完整、错误或空缺，扣 2 分/处 （2）故障现象描述不完整、错误或空缺，扣 2 分/处 （3）故障排除过程描述不完整、错误或空缺，扣 2 分/处 （4）故障点描述错误或空缺，扣 2 分/处		

续表

序号	评价内容	配分	评价标准	自我评价	老师评价
5	安全操作规范	20	（1）不穿绝缘鞋、不戴安全帽进入工作场地，扣 2 分/项（不听劝者，终止作业）； （2）使用多用表方法不当，或损坏多用表，扣 2 分/次； （3）未经允许带电进行检测，扣 5 分/次 （4）带电测试造成多用表损坏，或出现触电事故，扣 20 分，并立即予以终止作业		
	合计	100			

任务 4.2　X62W 万能铣床电气控制线路故障排除

4.2.1　思政目标

（1）引导学生树立正确的职业观念。通过介绍铣床在制造业中的重要地位和应用，使学生理解到技术工人对于国家制造业发展的重要性，从而增强他们的职业认同感和荣誉感。

（2）讲述我国制造业的发展历程和取得的辉煌成就，激发学生的民族自豪感和爱国热情。

（3）通过小组合作完成任务的形式，培养学生的团队协作能力和沟通能力。

4.2.2　知识目标

（1）X62W 万能铣床电气控制原理图的工作原理及动作过程。

（2）熟悉《电气安全工作规程》相关知识。

4.2.3　技能目标

根据 X62W 万能铣床电气控制原理图，在电气线路控制板上检测并排除故障，使该电路能正常工作。

4.2.4　知识链接

1. X62W 万能铣床简介

万能铣床是一种多用途的机床，它可以用圆柱铣刀、锯片铣刀、成型铣刀及端面铣刀等刀具对各种零件进行平面、斜面、螺旋面及成型表面的加工，还可以加装万能铣头和回转工作台以扩大加工范围。

X62W 万能铣床的主要结构及外形如图 4–6 所示。万能铣床主要有 3 种运动形式。

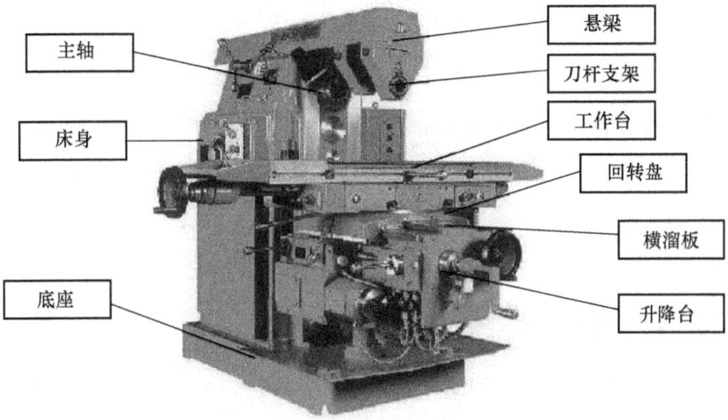

X—铣床；6—卧式；2—2 号工作台（1 320 mm×320 mm）；W—万能。

图 4–6　X62W 万能铣床的主要结构及外形图

（1）主轴带动铣刀的旋转运动，称为主体运动。

（2）铣床工作台的上下、前后、左右 6 个方向的运动，称为进给运动。

（3）铣床的工作台在 3 个相互垂直方向的快速运动、工作台回转运动，称为辅助运动。

2. X62W 万能铣床电气控制电路工作原理

1）主电路分析

三相电源由电路模板上的接线端子引入，经过带漏电保护的空气开关 QS 控制整个电路的电源，熔断器 FU1 起到整个电路的短路保护作用。主电路有 3 台电动机。

（1）主轴电动机 M1。主轴电动机 M1 由交流接触器 KM3 控制，正向、反向由开关 SA5 实现，采用反接制动停车。热继电器 FR1 作为它的过载保护。主轴电动机 M1 用于拖动主轴带动铣刀进行铣削加工。

（2）进给电动机 M2。进给电动机 M2 由交流接触器 KM4、KM5 分别控制正向和反向运转，用于工作台 6 个方向的进给运动、快速运动。热继电器 FR2 作为 M2 的过载保护。

（3）冷却泵电动机 M3。冷却泵电动机 M3 由交流接触器 KM1 控制启动和停止，热继电器 FR3 作为它的过载保护，M3 用于为刀具、工件输送冷却液，以防止刀具和工件的温升过高。

2）控制电路分析

X62W 万能铣床电气控制原理图如图 4-7 所示。控制电路电源由控制变压器 TC 提供两组输出电压：一组为 127 V，用于交流接触器线圈的控制电压；另一组为 36 V，用于照明灯 EL 及指示灯 HL1、HL2、HL3、HL4、HL5 的工作电压。

（1）主轴电动机 M1 的控制。合上 QS 电源开关，旋转转换开关 SA5 至正转（或反转）位置，主轴电动机 M1 的启动过程如下：

按下SB1 (SB2) → KM3 线圈得电 → KM3 主触点闭合 → M1启动 → KS-1（19～20）闭合
　　　　　　　　　　　　　　　　　　　　　　　　　　→ KS-2（29～30）闭合
　　　　　　　　　　　　　　→ KM3 辅助常开触点（43～44）闭合 → 自锁
　　　　　　　　　　　　　　→ KM3 辅助常开触点（22～23）断开 → 互锁

按下SB1 (SB2) → KM3 线圈得电 → KM3 主触点闭合 → M1启动 → KS-1（19～20）闭合
　　　　　　　　　　　　　　　　　　　　　　　　　　→ KS-2（29～30）闭合
　　　　　　　　　　　　　　→ KM3 辅助常开触点（43～44）闭合 → 自锁
　　　　　　　　　　　　　　→ KM3 辅助常开触点（22～23）断开 → 互锁

主轴电动机 M1 的停止过程如下：

按下 SB3 → SB3（SB4）动断触点（31～32）先断开 → KM3线圈失电 → KM3触头复位 → M1惯性停车
　　　　→ SB3（SB4）动合触点（17～18）先闭合 → KM2线圈失电 → KM2 辅助常闭触点（39～40）→ 互锁
　　　　　　　　　　　　　　　　　　　　　　　　　　→ KM2主触点闭合
→ M1 反向启动 → M1转速下降至120 r/min → KS-1（19～20）断开 → KM2 线圈失电 → M1制动停车
　　　　　　　　　　　　　　　　　　　　KS-2（29～30）

电气控制原理图中的行程开关 SQ7 为主轴变速时的冲动控制模拟开关，关于冲动控制的工作原理这里不做阐述。

（2）进给电动机 M2 的控制。进给电动机 M2 控制工作台的运动，共有左右、上下、前后 6 个方向。需要进给操作时先将圆工作台控制开关 SA1 扳到“断开”的位置，即 SA1 的 3 对触点状态为“SA1-1 闭合、SA1-2 断开、SA1-3 闭合”。

① 工作台上下、前后方向控制实现工作台向上（或向后）运动的操作过程如下：

手柄向上（或向后）→ 压下行程开关SQ4 → SQ4常闭触点（51～52）断开 → 互锁
　　　　　　　　　　　　　　　　　→ SQ4常开触点（77～78）闭合
→ 经SA1-3 → SQ2-2 → SQ1-2 → SA1-1 → SQ4-1 → KM5 线圈得电
→ KM5 辅助常闭触点（61～62）断开 → 互锁
→ KM5主触点闭合 → M2反向（向上或向后）运动

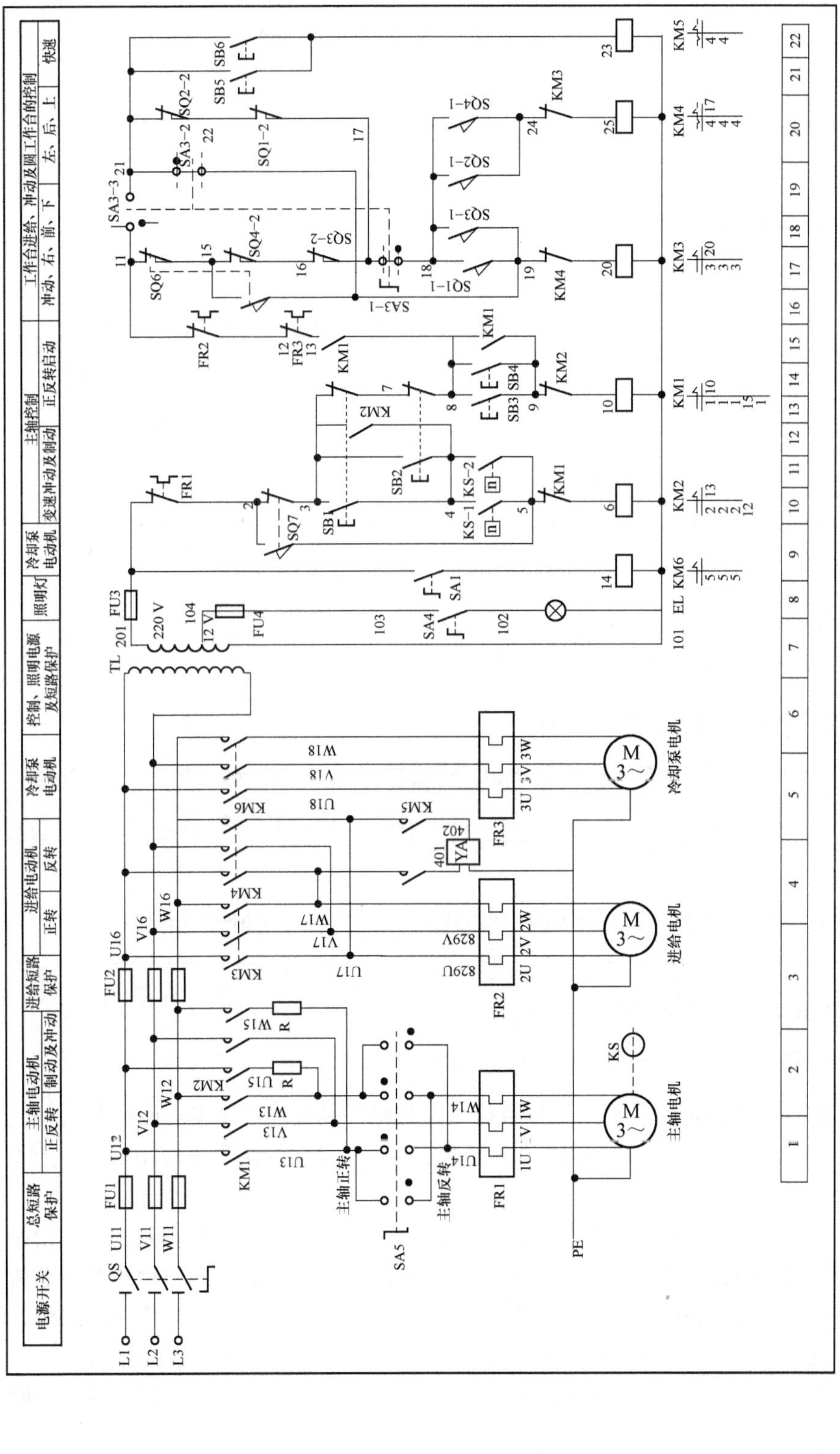

图 4-7　X62W 万能铣床电气控制原理图

实现工作台向下（或向前）运动的操作过程如下：

手柄向下（或向前）→ 压下行程开关SQ3 → SQ3常闭触点（53～54）断开 → 互锁
→ SQ3常开触点（69～70）闭合 → 经SA1-3 → SQ2-2 → SQ1-2 → SA1-1 → SQ3-1 → KM4线圈得电 → KM4 辅助常闭触点（81～82）断开 → 互锁
→ KM4 主触点闭合 → M2正向（向下或向前）运动

② 工作台左、右方向控制。实现工作台向左运动的操作过程如下：

手柄向左 → 压下行程开关SQ2 → SQ2常闭触点（65～66）断开 → 互锁
→ SQ2常开触点（73～74）闭合 → 经SQ6-2 → SQ4-2 → SQ3-2 → SA1-1 → SQ2-1 → KM5 线圈得电 → KM5辅助常闭触点（61～62）断开 → 互锁
→ KM5主触点闭合 → M2反向（向左）运动

实现工作台向右运动的操作过程如下：

手柄向右 → 压下行程开关SQ1 → SQ1常闭触点（67～68）断开 → 互锁
→ SQ1常开触点（57～58）闭合 → 经SQ6-2 → SQ4-2 → SQ3-2 → SA1-1 → SQ2-1 → KM4线圈得电 → KM4辅助常闭触点（81～82）断开 → 互锁
→ KM4主触点闭合 → M2正向（向右）运动

③ 工作台的快速进给控制。工作台的快速进给控制是通过牵引电磁铁与杠杆配合，使摩擦离合器动作，减少中间传动装置而实现的。电气控制原理图中的 YB 为模拟快速进给动作指示灯。

在工作台向某个方向运动且需要快速进给时，按下 SB5（或 SB6）快速进给按钮，交流接触器 KM6 得电，其触点闭合，YB 得电（灯亮），表示工作台正在快速进给。当松开 SB5（或 SB6）时，交流接触器 KM6 失电，其触点复位，快速进给停止工作。电气控制原理图中的行程开关 SQ6 为进给变速时的冲动控制模拟开关。

④ 圆工作台的自动控制。将圆工作台控制开关 SA1 扳到“接通”的位置，此时

SA1 的 3 个触点的状态为“SA1-1 断开、SA1-2 闭合、SA1-3 断开”。主轴电动机 M1 启动后，圆工作台开始工作，其控制路径是：经 SQ6-2—SQ4-2—SQ3-2—SQ1-2—SQ2-2—SA1-2—KM4 线圈得电，其主触点闭合，电动机 M2 正向运转。

（3）冷却泵电动机 M3 的控制。当需要冷却时，直接将 SA3 闭合，接触器 KM1 得电，其主触点闭合，电动机 M3 启动运转，输送冷却液。

（4）照明及显示电路的控制。由变压器 TC 供给 36 V 电压给照明灯及信号指示灯电路，由 SA4 开关控制照明灯，熔断器 FU 作照明灯的短路保护。

3. X62W 万能铣床典型故障

YL-156A 实训装置中机床电路板所设置 X62W 万能铣床的典型故障见表 4-4。

表 4-4　X62W 万能铣床的典型故障

故障序号	故障点	故障描述
1	（098，105）	主轴电动机正、反转均缺一相，进给电动机、冷却泵缺一相，控制变压器及照明变压器均没电
2	（113，114）	主轴电动机无论正、反转均缺一相
3	（144，159）	进给电动机反转缺一相
4	（161，162）	快速进给电磁铁不能动作
5	（170，180）	照明及控制变压器没电，照明灯不亮，控制回路失效
6	（181，182）	控制变压器没电，控制回路失效
7	（184，187）	照明灯不亮
8	（002，012）	控制回路失效
9	（001，003）	控制回路失效
10	（022，023）	主轴制动失效
11	（040，041）	主轴不能启动
12	（024，042）	主轴不能启动
13	（008，045）	工作台进给控制失效
14	（060，061）	工作台向下、向右、向前进给控制失效
15	（080，081）	工作台向后、向上、向左进给控制失效
16	（082，086）	两处快速进给全部失效

4.2.5　任务内容

根据 X62W 万能铣床电气控制原理图，排除 X62W 万能铣床电气控制电路板上所设置的故障。

（1）照明灯亮，但其他控制电路均失效。

（2）主轴控制失效。

（3）快速进给失效（YB 灯不亮）。

请根据以上故障现象完成以下工作任务。

（1）排除电气控制电路的故障，使该电路能正常工作。

（2）按要求填写维修工作票。

4.2.6 任务实施

1. 工具清单

工具：验电笔、答题笔。

2. 仪表及设备

多用表、YL–156A 型实训考核装置、智能答题器、X62W 万能铣床排故电路板、三相异步电动机模块、安全插接导线若干，如图 4–8 所示。

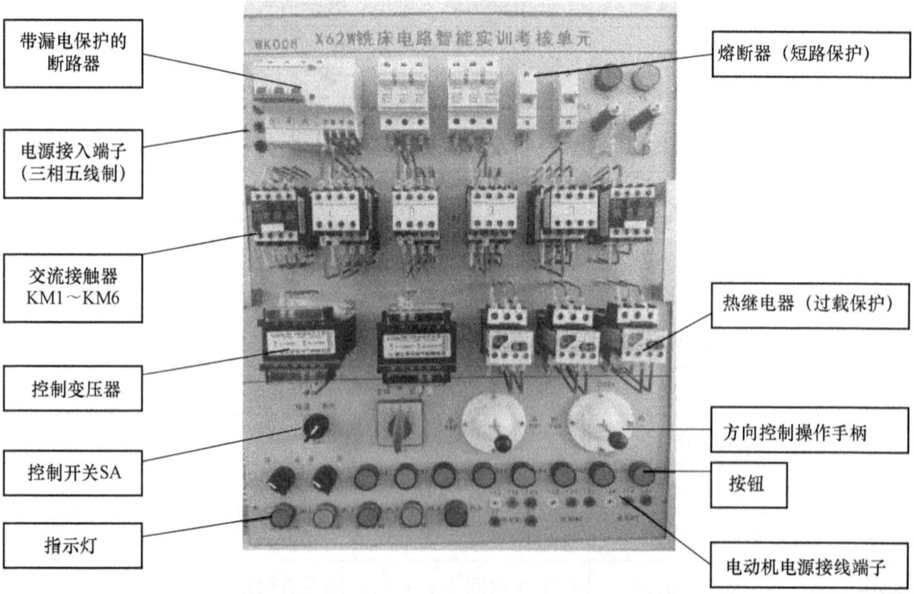

图 4–8　X62W 铣床电路智能实训考核单元

3. 任务实施详述

机床排故具体操作步骤如下。

1）排除第一个故障点

① 合上 QS 电源开关，旋转 SA4 开关，照明灯 EL 亮；闭合 SA3 开关，冷却泵电动机 M3 不启动，且整个控制电路失效。说明控制变压器 TC 输出回路有断点故障。

② 断开 QS 电源开关，将数字多用表打到 1K 挡，红表笔接 TC 上的 1 号接线端子，黑表笔接 FU3 上的 3 号端子，多用表显示“1”，表示断路。

③ 将答案“001003”输入到智能答题器中，按下“确认”键，听到“嘀”一声，该故障已排除。

④ 再次合上 QS 电源开关，重复以上操作步骤，设备正常工作。

2）排除第二个故障点

① 合上 QS 电源开关，旋转 SA4 开关，照明灯 EL 亮；闭合 SA3 开关，冷却泵电动机 M3 启动，按下 SB1（或 SB2），接触器 KM3 不吸合，说明故障路径在 KM3 支路“2—12—11—1024—42”。

② 断开 QS 电源开关，将数字多用表打到 1K 挡，红表笔接 TC 上的 2 号接线端子，黑表笔接 FR1 上的 12 号端子，多用表显示“0”，表示通路，继续检测。发现“24—42”之间的电阻值多用表显示为“1”，说明此处为断点故障。

③ 将答案“024042”输入到智能答题器中，按下“确认”键，听到“嘀”一声，该故障已排除。

④ 再次合上 QS 电源开关，重复以上操作步骤，设备正常工作。

3）排除第三个故障点

① 合上 QS 电源开关，主轴和进给控制正常，但按下 SB5（SB6），接触器 KM6 吸合，指示灯 YB 不亮，表示快速进给失效。说明断点故障位置在快速进给的主电路。

② 断开 QS 电源开关，将数字多用表打到 1K 挡，红表笔接 KM5 上的 161 号接线端子，黑表笔接 KM6 上的 162 号端子，多用表显示“1”，表示断路，确定故障点在“161—162”。

③ 将答案“161162”输入到智能答题器中，按下“确认”键，听到“嘀”一声，该故障已排除。

④ 再次合上 QS 电源开关，重复以上操作步骤，设备正常工作。

4）填写维修工作票

根据对故障现象的观察、故障点的检测和排除过程，需要填写维修工作票。维修工作票的填写要求文字简练，意思表达明确即可。具体填写内容及格式见表 4–5。

表 4–5　X62W 万能铣床维修工作票

工位号	（学生填写）
工作任务	根据铣床电气控制原理图完成电气控制线路故障检测与排除
工作时间	自××××年××月××日××时××分至自××××年××月××日××时××分
工作条件	检测及排故过程　停电；观察故障现象和排除故障后试机　通电
工作许可人签名	（指导教师填写）

续表

维修要求	1. 工作许可人签名后方可进行检查。 2. 对电气线路进行检测，确定线路的故障点并排除。 3. 严格遵守电工操作安全规程。 4. 不得擅自改变原线路界限，不得更改电路和元件位置。 5. 完成检修后能使该万能铣床正常工作		
维修时的安全措施	1. 在检测及维修时需停电操作并挂安全警示牌。 2. 严格遵守电工操作安全规程，穿工作服、戴安全帽及穿电工鞋。 3. 执行谁断电，谁送电；注意一人操作，一人监护		
故障现象描述	控制电路完全失效	控制电路失效	快速进给失效（主电路）
故障检测和排除过程	根据故障现象可判断：故障路径为控制变压器输出回路。 断开 QS 电源开关，用电阻挡 1K，依次检测“1—3—4”“2—12—11—10”支路，发现“1—3”之间多用表显示电阻值为 1，说明故障断点在“1—3”。 消除“1—3”断点，故障排除	根据故障现象可判断：故障路径为“2—12—11—10—24—42”。断开 QS 电源开关，用电阻挡 1K，依次检测，发现“24—42”之间的电阻为 1，说明故障点在“24—42”。 消除“24—42”断点，故障排除	根据故障现象可判断：故障路径为“161—162—163—164”“154—155—156—157”。 断开 QS 电源开关，用电阻挡 1K，依次检测发现：“161—162”之间电阻为 1，说明故障点在“161—162”。 消除“161—162”断点，故障排除
故障点描述	“1—3”之间有断点故障	“24—42”之间有断点故障	“161—162”之间有断点故障

4.2.7 任务评价

任务评价见表 4-6。

表 4-6 X62W 万能铣床故障检测排故表

序号	评价内容	配分	评价标准	自我评价	老师评价
1	第一个故障点	20	（1）错误输入故障点，扣 2 分/次 （2）没有排除该故障点，扣 20 分（最多可扣 20 分）		
2	第二个故障点	20	（1）错误输入故障点，扣 2 分/次 （2）没有排除该故障点，扣 20 分（最多可扣 20 分）		
3	第三个故障点	20	（1）错误输入故障点，扣 2 分/次 （2）没有排除该故障点，扣 20 分（最多可扣 20 分）		

续表

序号	评价内容	配分	评价标准	自我评价	老师评价
4	维修工作票填写	20	（1）维修时的安全措施描述不完整、错误或空缺，扣 2 分/处 （2）故障现象描述不完整、错误或空缺，扣 2 分/处 （3）故障排除过程描述不完整、错误或空缺，扣 2 分/处 （4）故障点描述错误或空缺，扣 2 分/处		
5	安全操作规范	20	（1）不穿绝缘鞋、不戴安全帽进入工作场地，扣 2 分/项（不听劝阻者，终止作业）； （2）使用多用表方法不当，或损坏多用表，扣 2 分/次； （3）未经允许带电进行检测，扣 5 分/次 （4）带电测试造成多用表损坏，或出现触电事故，扣 20 分，并立即予以终止作业		
	合计	100			

任务 4.3　电气照明电路故障检测与排除

4.3.1　思政目标

（1）使学生深刻认识到电气照明电路故障检测与排除工作的重要性和责任性，明确作为电气技术人员的职责和使命，从而树立起高度的职业责任感和敬业精神。

（2）着重强调安全操作的重要性，培养学生严格遵守安全规程的习惯。

（3）鼓励学生运用所学知识，独立思考，探索新的检测方法和技术，培养他们的创新精神和实践能力。

4.3.2　知识目标

（1）掌握电气照明电路电气控制原理图的工作原理及动作过程。

（2）熟悉《电气安全工作规程》相关知识。

4.3.3 技能目标

根据电气照明电路电气控制原理图，在电气线路控制板上检测并排除故障，使该电路能正常工作。

4.3.4 知识链接

1. 电气照明电路分析

图 4–9 为电气照明电路的原理图，共包括 4 个灯位和 2 个插座，其中 4 个照明灯由低压断路器 QF4 进行控制，每个灯位配有相应的开关：灯 1、灯 2 由 S1、S2 进行控制；灯 3 为异地控制，由 S3、S4 分别进行两地的控制；灯 4 由移动探测器控制（SB1 代替）；两插座分别由低压断路器 QF5 及 QF6 进行控制。

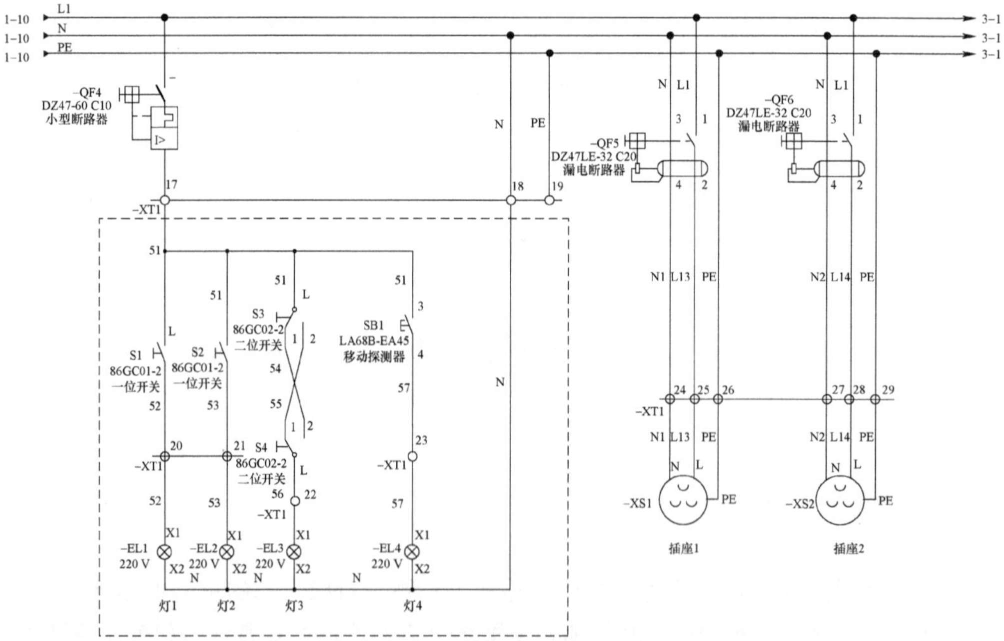

图 4–9　电气照明电路原理图

2. 电气照明电路的工作原理

合上低压断路器 QF4，按下一位开关 S1，灯 1 通入 220 V 的交流电，灯 1 亮，再次按下，灯 1 灭。按下一位开关 S2，灯 2 亮，再次接下，灯 2 灭。灯 3 为异地控制灯，按下二位开关 S3，灯 3 亮，按下二位开关 S4，灯 3 灭；同理，也可在灯灭时按下二位开关 S4 启动灯 3，通过 S3 灭灯。灯 4 通过移动探测器控制，此处用按钮 SB1 代替，按下灯亮，松开灯灭。两插座的通电通过低压断路器 QF5、QF6 进行控制。

4.3.5　任务内容

某工作现场的照明电路共包括 4 个灯位、1 个插座，其中灯 1 与灯 2 为两工作场景的照明灯，灯 3 为走廊照明灯，采用异地控制，灯 4 为安全指示灯，用于监控设备、作业人员安全，使用移动探测器进行控制。该电路在使用中发生了一些故障，现请根据图纸及设备故障现象对其进行故障分析，如图 4−10 所示。

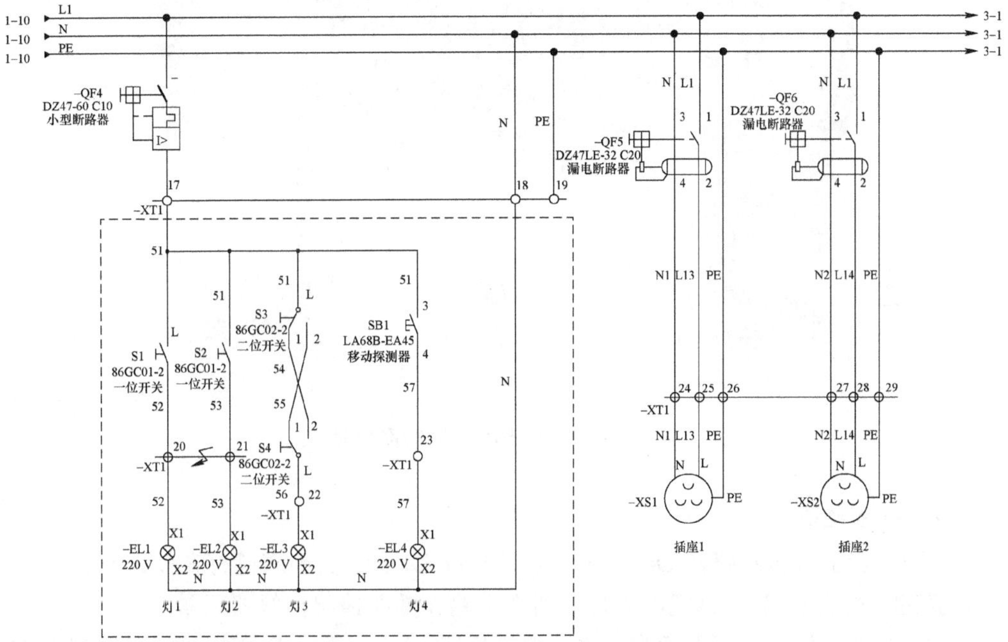

图 4−10　含故障点照明电路原理图

4.3.6　任务实施

1. 工具清单

多用表、兆欧表、安全插接导线若干。

2. 任务实施详述

请注意，以下检测均在未接入电源的情况下进行。故障检测单元如图 4−11 所示。电气照明电路的检测流程如下。

1）短路检测

合上低压断路器 QF4，将多用表表笔分别打在 L1 及 N 处，按下一位开关 S1，蜂鸣即为灯 1 所在电路短路，不蜂鸣即为正常；同理，按下 S2，可检测出灯 2 所在电路的短路情况；灯 3 为异地控制，需要分别按下 S3、S4，来判断灯 3 所在电路的短路情况；最后，按下 SB1，使用多用表判断灯 4 所在电路的短路情况。

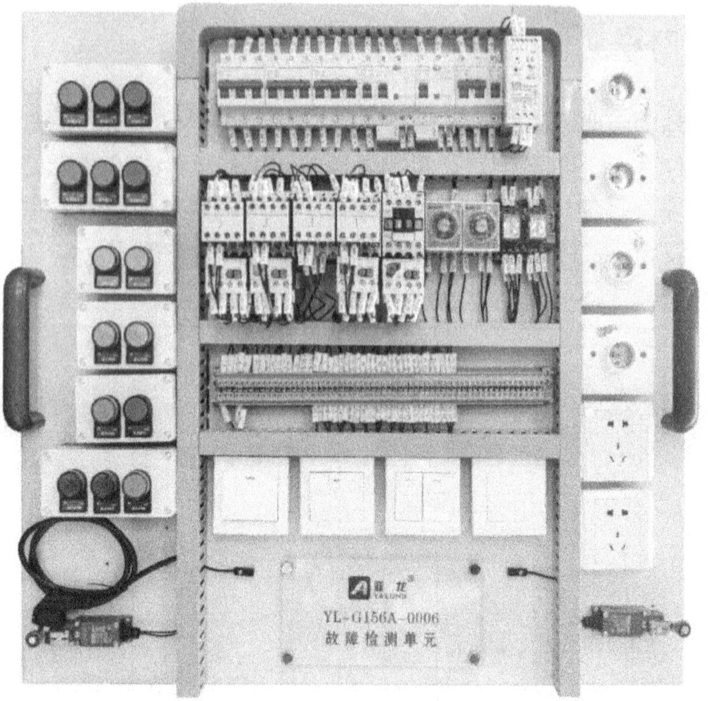

图 4-11 YL-156A 故障检测单元

2）断路检测

灯 1：合上低压断路器 QF4，将一表笔打在 L1 处，另一表笔打在短路检测点 20 处，接通一位开关 S1，蜂鸣即为灯 1 所在电路无断路情况，线路正常。

灯 2：合上低压断路器 QF4，将一表笔打在 L1 处，另一表笔打在短路检测点 21 处，接通一位开关 S2，蜂鸣即为灯 2 所在电路无断路情况，线路正常。

灯 3：合上低压断路器 QF4，将一表笔打在 L1 处，另一表笔打在短路检测点 22 处，接通双开关 S3/S4，蜂鸣即为灯 3 所在电路无断路情况，线路正常。

灯 4：合上低压断路器 QF4，将一表笔打在 L1 处，另一表笔打在短路检测点 23 处，按下 SB1，蜂鸣；松开 SB1，蜂鸣停止，线路正常。

3）低绝缘电阻

低绝缘电阻是指火线与火线、火线与零线、火线与地之间的绝缘电阻小于规定值 1 MΩ。需要使用兆欧表（500 V）或绝缘电阻测试仪等工具对照明电路的所有火线与火线、火线与零线、火线与地之间进行绝缘测试，绝缘电阻小于 1 MΩ即为低绝缘电阻。

4）高电阻

高电阻指接地电阻值大于规定值（0.5 Ω），原则上应该利用接地电阻测试仪进行接地测试；在比赛过程中也可利用多用表对每一条支路进行电阻测量来判断是否有高电阻故障（一般设置故障时串入电阻值较大）。故障点标注符号见表 4-7。

表 4-7　故障点标注符号

序号	符号	故障点名称
1		短路
2		开路
3	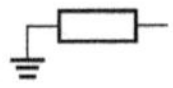	低绝缘电阻
4		极性/相序（交叉）
5		高电阻

3. 填写维修工作票

故障检测维修工作票见表 4-8。

表 4-8　故障检测维修工作票

工位号	（学生填写）
工作任务	根据电气照明电路控制原理图完成电气照明电路故障检测与排除
工作时间	自××××年××月××日××时××分至自××××年××月××日××时××分
工作条件	检测及排故过程　停电；观察故障现象和排除故障后试机　通电
工作许可人签名	（指导教师填写）
维修要求	1. 工作许可人签名后方可进行检查。 2. 对电气线路进行检测，确定线路的故障点并排除。 3. 严格遵守电工操作安全规程。 4. 不得擅自改变原线路界限，不得更改电路和元件位置。 5. 完成检修后能使电气照明电路正常工作
维修时的安全措施	1. 在检测及维修时停电操作并挂安全警示牌。 2. 严格遵守电工操作安全规程，穿工作服、戴安全帽及穿电工鞋。 3. 执行谁断电，谁送电；注意一人操作，一人监护
故障现象描述	
故障检测和排除过程	
故障点描述	

由于线路故障为任课教师人工设置，本任务无须答题器。故障检测与排除由学生在未通电情况下完成。

4.3.7 任务评价

任务评价见表 4–9。

表 4–9 电气照明电路故障检测与排除任务评价表

序号	评价内容	配分	评价标准	自我评价	老师评价
1	第一个故障点	20	（1）错误输入故障点，扣 2 分/次 （2）没有排除该故障点，扣 20 分（最多可扣 20 分）		
2	第二个故障点	20	（1）错误输入故障点，扣 2 分/次 （2）没有排除该故障点，扣 20 分（最多可扣 20 分）		
3	第三个故障点	20	（1）错误输入故障点，扣 2 分/次 （2）没有排除该故障点，扣 20 分（最多可扣 20 分）		
4	维修工作票填写	20	（1）维修时的安全措施描述不完整、错误或空缺，扣 2 分/处 （2）故障现象描述不完整、错误或空缺，扣 2 分/处 （3）故障排除过程描述不完整、错误或空缺，扣 2 分/处 （4）故障点描述错误或空缺，扣 2 分/处		
5	安全操作规范	20	（1）不穿绝缘鞋、不戴安全帽进入工作场地，扣 2 分/项（不听劝者，终止作业）； （2）使用多用表方法不当，或损坏多用表，扣 2 分/次； （3）未经允许带电进行检测，扣 5 分/次 （4）带电测试造成多用表损坏，或出现触电事故，扣 20 分，并立即予以终止作业		
	合计	100			

任务 4.4 卷帘门系统电路故障检测与排除

4.4.1 思政目标

（1）通过课程的学习，使学生深刻认识到作为一名技术人员在保障公共安全方面所承担的重要责任，进而培养学生的职业精神。

（2）通过案例分析、实践操作等方式，使学生掌握安全操作规程，培养他们在工作中严格遵守安全规定的习惯。

（3）在故障检测过程中，学生需要运用所学知识对电路进行细致的分析，找出故障原因并提出解决方案。这一过程能够锻炼学生的逻辑思维，提高分析问题和解决问题的能力。

4.4.2　知识目标

（1）掌握卷帘门电路电气控制原理图的工作原理及动作过程。

（2）熟悉《电气安全工作规程》相关知识。

4.4.3　技能目标

根据卷帘门电路电气控制原理图，在电气线路控制板上检测并排除故障，使该电路能正常工作。

4.4.4　知识链接

1. 卷帘门电动机控制电路分析

1）*主电路原理图识读*

图 4–12 为卷帘门电动机主电路原理图，卷帘门电动机为一台三相异步电动机 M1，低压断路器 QF2 将三相电引入主电路，接触器 KM1、KM2 分别控制电动机的正转和反转（KM2 所接线路进行 1、3 相的调相）。热继电器 KH1、KH2 实现对主电路正、反转电路的过载保护。

风扇电动机为一台双速电机 M2，低压断路器 QF3 将三相电引入主电路，接触器 KM3、KM4 控制双速电机的高速挡，KMS 控制双速电机的低速挡。热继电器 KH3、KH4 实现对高、低速电路的过载保护。

2）*控制电路的识读*

图 4–13 为卷帘门电动机控制电路原理图，三相电通过低压断路器 QF7 通入电源中，整流成 24 V 直流电通入控制电路低压断路器 QF8；其中，SB10 为电动机停止按钮，SB11、SB12 为正、反转启动按钮，控制接触器 KM1、KM2 得电，共同实现“正切反”控要求，并配有相应的指示灯 HL1、HL2；行程开关 SQ1、SQ2 安装在卷帘门上、下限位上，实现对电动机正、反转的限位停止功能；中间继电器 KA1，KA2 配合光电开关 SQ11、SQ12 及时间继电器 KT1、KT2 实现卷帘门的自动控制功能；热继电器 KH1、KH2 在实现过载保护功能后，接通过载指示灯 HL5。

在风扇电动机控制电路中，SB20 为风扇电动机，M2 为停止按钮，SB21 为风扇电动机高速挡启动按钮，启动按钮接通接触器 KM3、KM5，共同实现风扇电动机高速挡的运动，并配有相应的指示灯 HL3；SB22 为风扇电动机低速挡启动按钮，启动按钮接通接触器 KM4，实现风扇电动机低速挡的运动，并配有相应的指示灯 HL4，高、低速控制可以实现直接切换。热继电器 KH3、KH4 对风扇电动机实现过载保护，并设有过载警告灯 HL6。

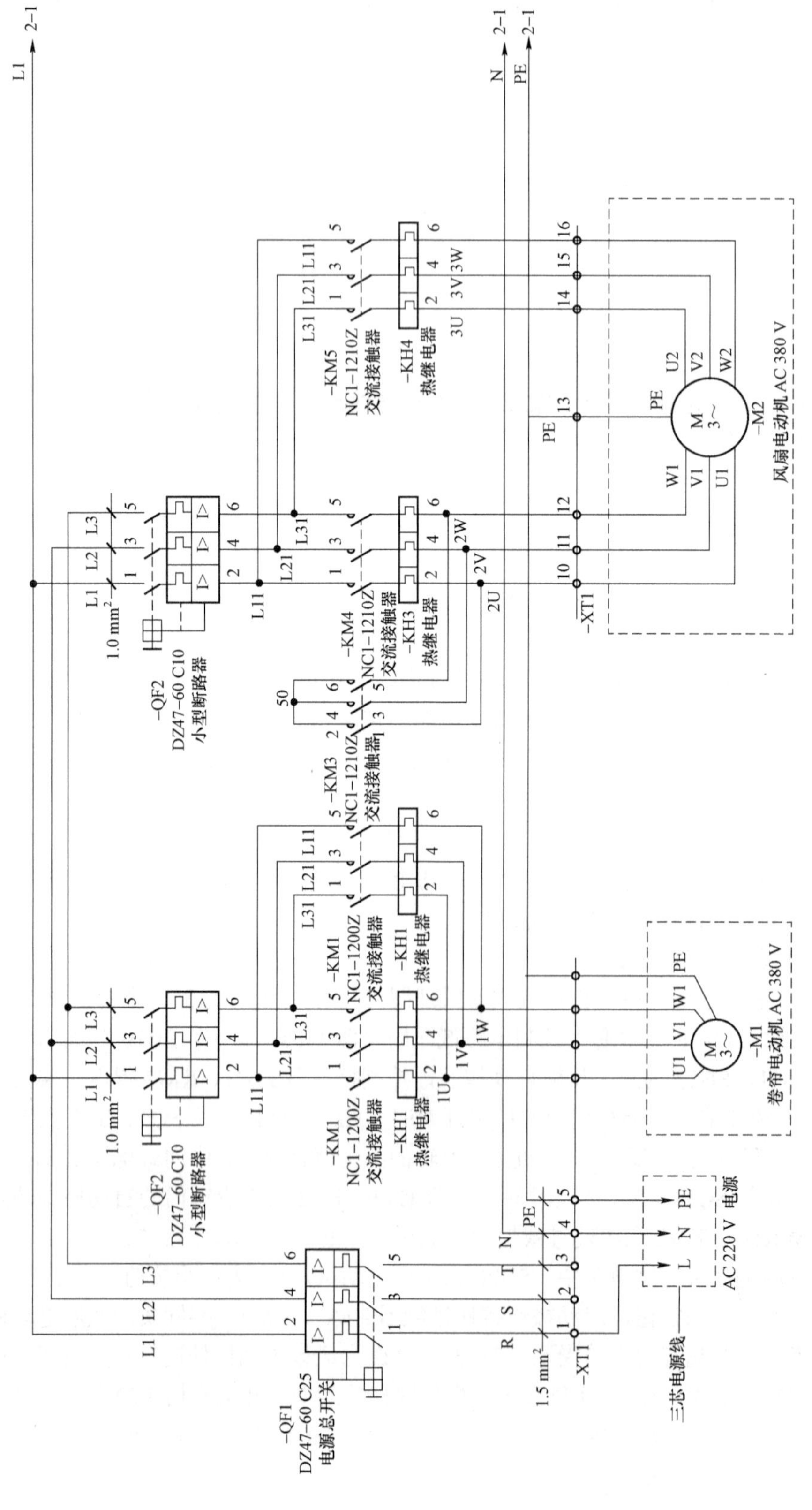

图 4-12 卷帘门电动机主电路原理图

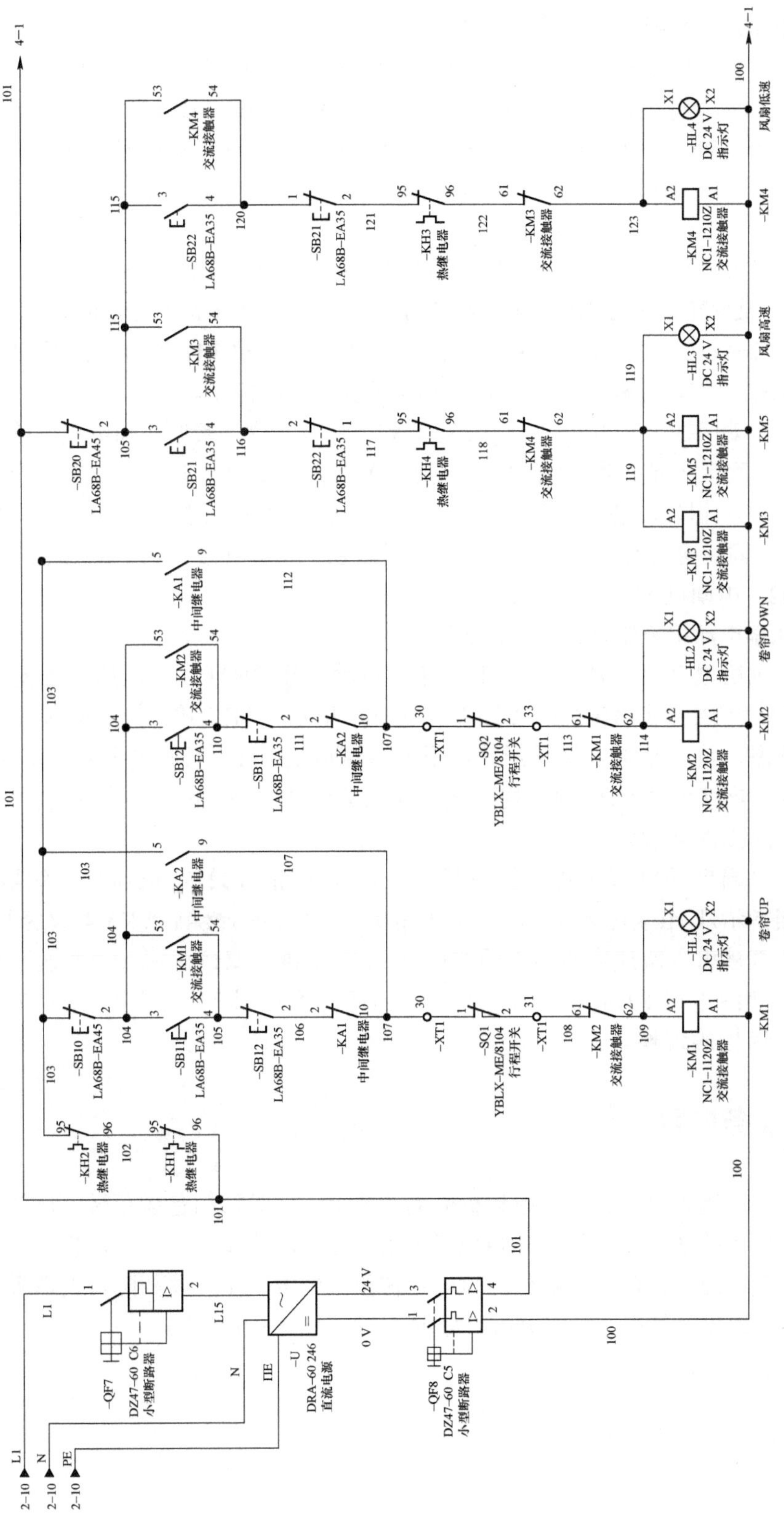

图 4-13　卷帘门电动机控制原理图

2. 卷帘门电动机控制电路的工作原理

（1）卷帘门电动机正转：合上低压断路器 QF2、QF7、QF8，按下 SB11，正转接触器 KM1 及正转指示灯 HL1 通入 24 V 直流电，指示灯 HL1 亮，接触器 KM1 改变原状态，将三相电以 L1–L2–L3 的相序引入三相异步电动机 M1，电动机 M1 正转。按下 SB10，热继电器 KH1 动作、行程开关 SQ1 动作均可使正转电路停止。

（2）卷帘门电动机反转：合上低压断路器 QF2、Q7、QF8，按下 SB12，反转接触器 KM2 及反转指示灯 HL2 通入 24 V 直流电，接触器 KM2 改变原状态，将三相电以 L3–L2–L1 的相序引入三相异步电动机 M1，电动机 M1 反转。按下 SB10，热继电器 KH2 动作、行程开关 SQ2 动作均可使反转电路停止。

（3）自动门控：光电开关 SQ12 检测到门前有实物，接通时间继电器 KT2，达到一定时间后接通继电器 KA2，KA2 接通正转接触器 KM1，电动机 M1 正转，开门，行程开关 SQ1 保证电动机不会超限。同理，当实物运动至门后，光电开关 SQ11 检测，接通时间继电器 KT1，达到一定时间后接通中间继电器 KA1，KA1 接通反转接触器 KM2，电动机 M1 反转，关门。

3. 风扇电动机控制电路的工作原理

（1）风扇电动机高速挡：按下高速挡启动按钮 SB21，高速挡接触器 KM3、KM5 及高速挡指示灯 HL3 通入 24 V 直流电，指示灯 HL3 亮，接触器 KM3、KM5 改变原状态，将三相电以倒星形接法引入双速电机 M2，双速电机 M2 高速运动。按下 SB20、热继电器 KH4 动作均可使高速挡运转停止。按下低速挡启动按钮 SB22 可实现低速挡的切换。

（2）风扇电动机低速挡：按下低速挡启动按钮 SB22，低速挡接触器 KM4 及低速挡指示灯 HL4 通入 24 V 直流电，指示灯 H14 亮，接触器 KM4 改变原状态，将三相电直接引入双速电机 M2 的 U1、V1、W1 相，双速电机 M2 低速运动。按下 SB20、热继电器 KH4 动作均可使低速挡运转停止。按下高速挡启动按钮 SB21 可实现高速挡的切换。

4.4.5 任务内容

某工作现场采用三相异步电动机驱动的卷帘门，卷帘门包含正转、反转及光电检测自动控制的功能，并配套三相异步电动机驱动的风扇换气系统，换气系统风扇电动机设有高速、低速两个挡位。该电路在使用中发生了一些故障，现请根据图纸及设备故障现象对其进行故障分析，如图 4–14～图 4–16 所示。

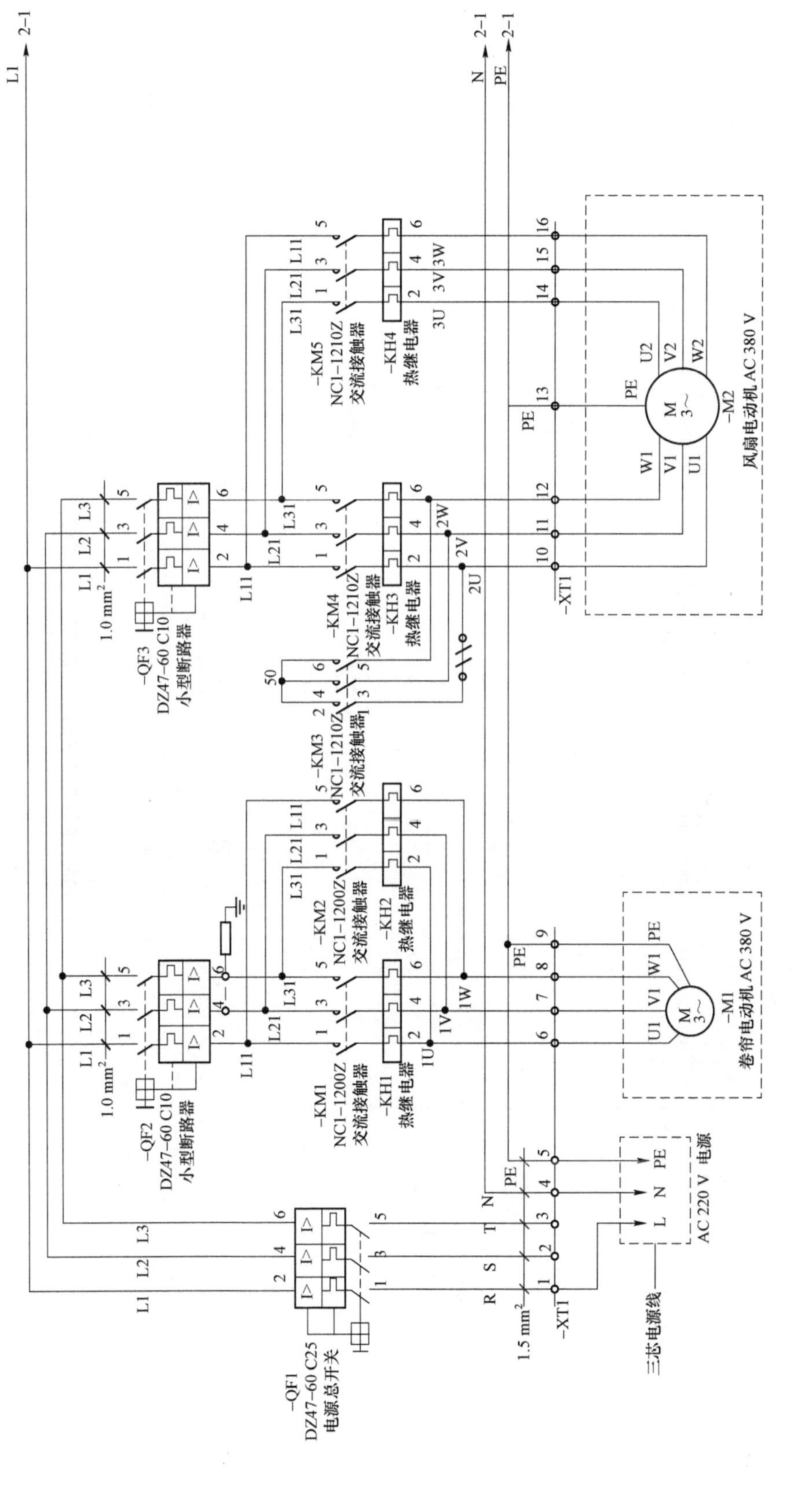

图 4-14　带故障点的卷帘门系统电气原理图 1

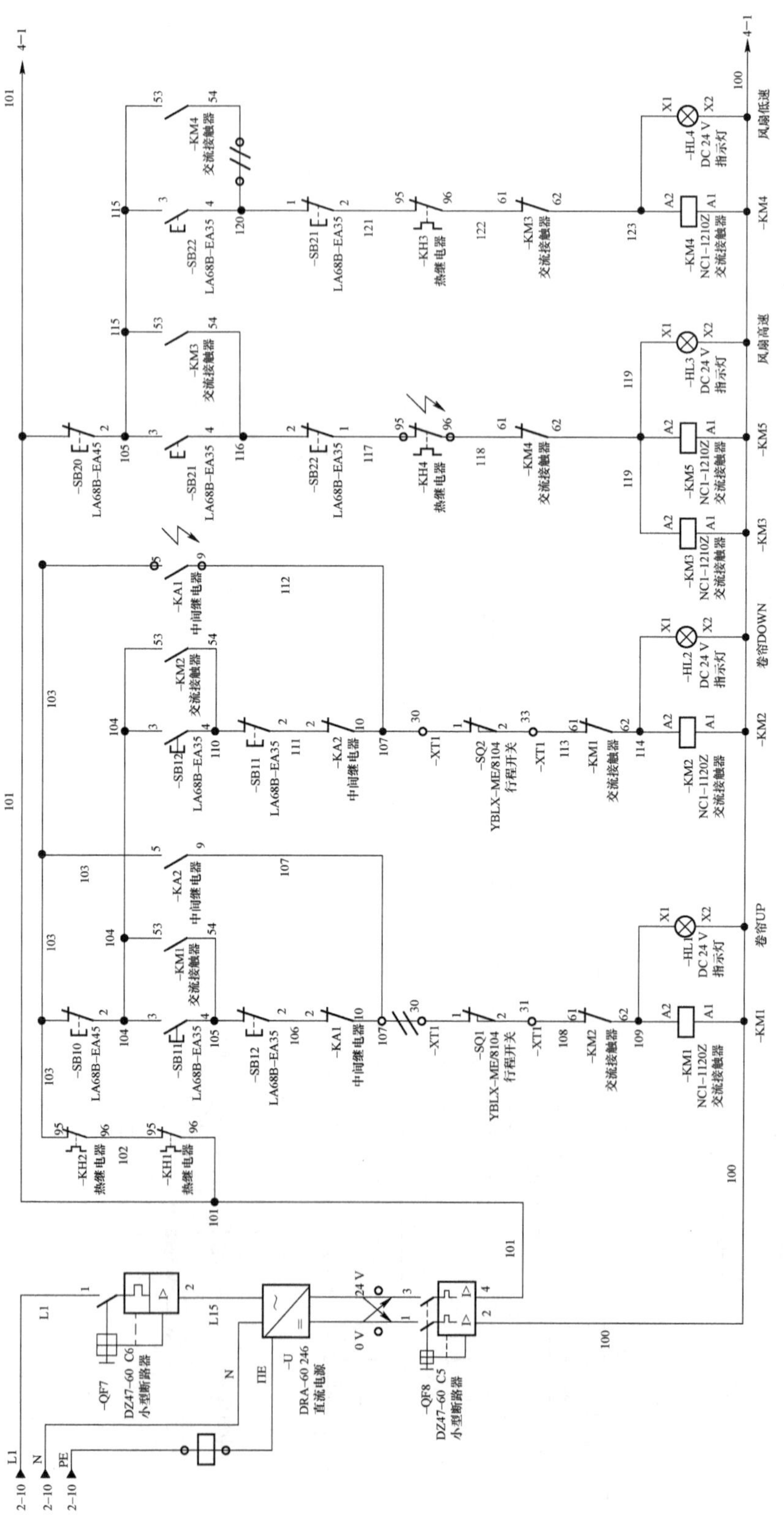

图 4-15　带故障点的卷帘门系统电气原理图 2

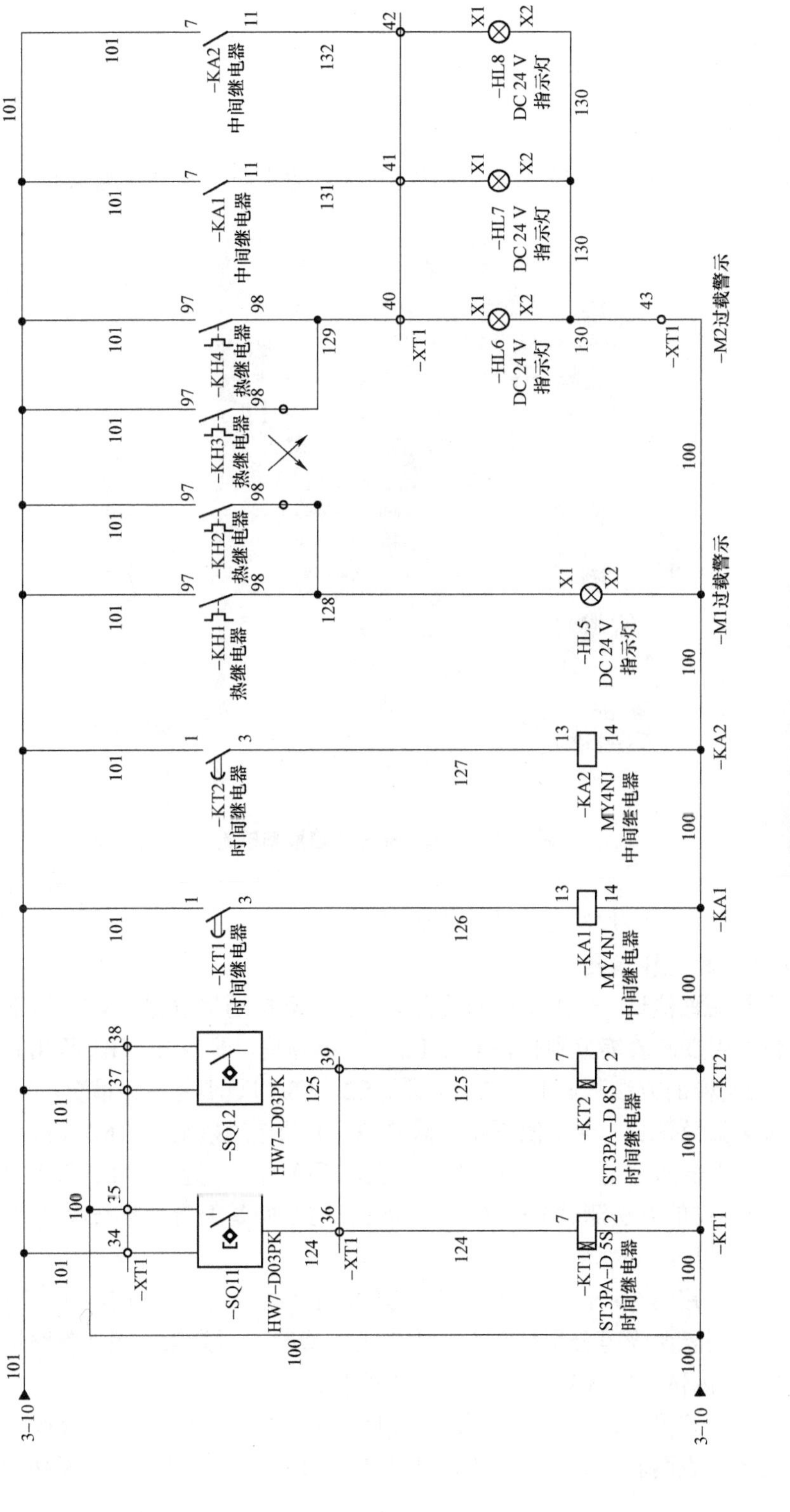

图 4-16　带故障点的卷帘门系统电气原理图 3

4.4.6 任务实施

1. 工具清单

多用表、兆欧表、安全插接导线若干。

2. 任务实施详述

故障检测单元如图 4-17 所示。请注意，以下检测均在未接入电源的情况下进行。

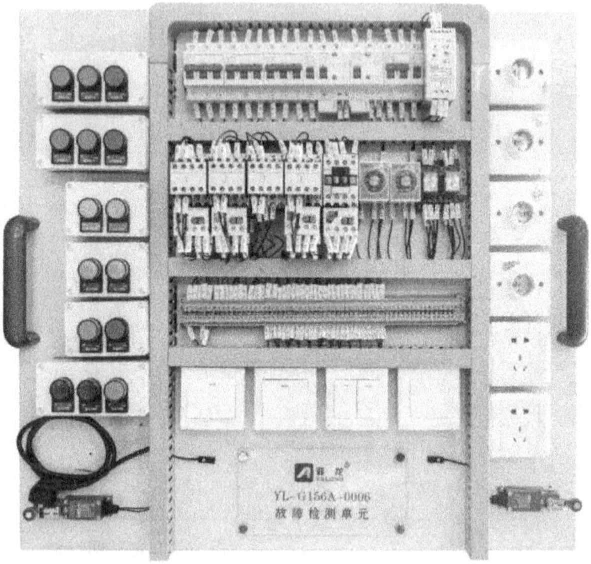

图 4-17 YL-156A 故障检测单元

1）卷帘门电动机控制电路的检测流程

（1）主电路短路检测。

① 正转短路测试：合上低压断路器 QF2，手动接通接触器 KM1（按下接触器动触点），将多用表两表笔分别打在 L1、L2 上，不蜂鸣，即为 L1、L2 两相间无短路情况发生；用同样的方法测试 L1、L3，以及 L2、L3 间是否有短路情况。

② 反转短路测试：合上低压断路器 QF2，手动接通接触器 KM2（按下接触器动触点），将多用表两表笔分别打在 L1、L2 上，不蜂鸣，即为 L1、L2 两相间无短路情况发生，用同样的方法测试 L1、L3，以及 L2、L3 间是否有短路情况。

（2）主电路断路检测。

① 正转断路测试：合上低压断路器 QF2，手动接通接触器 KM1（按下接触器动触点），将多用表两表笔分别打在 L1、W1 上，蜂鸣，即为第一相无断路情况发生；用同样的方法测试 L2、V1，以及 L3、U1 两相。

② 反转断路测试：合上低压断路器 QF2，手动接通接触器 KM2（按下接触器动触点），将多用表两表笔分别打在 L1、W1 上，蜂鸣，即为第一相无断路情况发生；

用同样的方法测试 L2、V1，以及 L3、U1 两相。

通过此测试方法也能明确电路极性是否正确。

（3）控制电路检测。

① 正转控制电路检测：合上低压断路器 QF7、QF8，将一表笔打在 L1 处，另一表笔打在 N 处，按下正转启动按钮 SB11，此时示数约等于接触器 KM1 线圈的内阻（80 Ω左右），不松 SB11，分别按下热继电器 KH1、KH2 测试按钮，示数变为 1（无穷大）；不松 SB11，按下停止按钮 SB10，示数变为 1（无穷大）；不松 SB11，按下行程开关 SQ1，示数变为 1（无穷大）。不松 SB11，分别按下反转启动按钮 SB12、中间继电器 KA1、反转接触器 KM2，示数会变为反转接触器 KM2 线圈的内阻（80 Ω左右）。

② 反转控制电路检测：合上低压断路器 QF7、QF8，将一表笔打在 L1 处，另一表笔打在 N 处，按下反转启动按钮 SB12，此时示数约等于接触器 KM2 线圈的内阻（80 Ω左右），不松 SB12 分别按下热继电器 KH1、KH2 测试按钮，示数变为 1（无穷大）；不松 SB12，按下停止按钮 SB10，示数变为 1（无穷大）；不松 SB12，按下行程开关 SQ2，示数变为 1（无穷大）。不松 SB12，分别按下正转启动按钮 SB11、中间继电器 KA2、正转接触器 KM1，示数会变为正转接触器 KM1 线圈的内阻（80 Ω左右）。

光电开关不能在下电状态下接通，检测时使用导线手动接通光电开关以进行测试。

（4）低绝缘电阻。低绝缘电阻是指火线与火线、火线与零线、火线与地之间的绝缘电阻小于规定值（1 MΩ）。需要使用兆欧表（500 V）或绝缘电阻测试仪等工具对卷帘门电动机电路的所有火线与火线、火线与零线、火线与地之间进行绝缘测试，绝缘电阻小于 1 MΩ即为低绝缘电阻。

（5）高电阻。高电阻指接地电阻值大于规定值（0.5 Ω），原则上应该利用接地电阻测试仪进行接地测试；也可利用多用表对每一条支路进行电阻测量来判断是否有高电阻故障。

（6）错误设定。当热继电器与时间继电器设定错误时，电路也会出现相应的故障，此时需在上电前提前进行检查。

2）风扇电动机电路的检测流程

（1）主电路短路检测。

① 低速挡短路测试：合上低压断路器 QF3，手动接通接触器 KM4（按下接触器动触点），将多用表两表笔分别打在 L1、L2 上，不蜂鸣，即为 L1、L2 两相间无短路情况发生；用同样的方法测试 L1、L3，以及 L2、L3 间是否有短路情况。

② 高速挡短路测试：合上低压断路器 QF3，手动接通接触器 KM3、KM5（按下接触器动触点），将多用表两表笔分别打在 L1、L2 上，不蜂鸣，即为 L1、L2 两相间无短路情况发生；用同样的方法测试 L1、L3，以及 L2、L3 间是否有短路情况。

（2）主电路断路检测。

① KM3 功能测试：手动接通接触器 KM3（按下接触器动触点），将多用表两表笔分别打在 U1−V1、V1−W1、U1−W1 上，蜂鸣，即 KM3 功能无误。

② KM4 功能测试：合上低压断路器 QF3，手动接通接触器 KM4（按下接触器动触点），将多用表两表笔分别打在 L1、U1 上，蜂鸣，即为第一相无断路情况发生；用同样的方法测试 L2、V1，以及 L3、W1 两相。

③ KM5 功能测试：合上低压断路器 QF3，手动接通接触器 KM5（按下接触器动触点），将多用表两表笔分别打在 L1、W2 上，蜂鸣，即为第一相无断路情况发生；用同样的方法测试 L2、V2，以及 L3、U2 两相。

通过此测试方法也能明确电路极性是否正确。

（3）控制电路检测。

① 高速挡控制电路检测：合上低压断路器 QF7、QF8，将一表笔打在 L1 处，另一表笔打在 N 处，按下高速挡启动按钮 SB21，此时示数约等于接触器 KM3、KM5 线圈的内阻（40 Ω左右），不松 SB21，按下 KM4 接触器，示数变为 1（无穷大）；不松 SB21，按下 SB22，示数变为 1（无穷大）。不松 SB21，按下 KM4 接触器，示数变为 1（无穷大）。

同理，将启动按钮 SB21 换为自锁接触器 KM3 再次测试一遍。

② 低速挡控制电路检测：合上低压断路器 QF7、QF8，将一表笔打在 L1 处，另一表笔打在 N 处，按下低速挡启动按钮 SB22，此时示数约等于接触器 KM4 线圈的内阻（80 Ω左右），不松 SB22，按下停止按钮 SB20，示数变为 1（无穷大）；不松 SB22，按下 SB21，示数变为 1（无穷大）。不松 SB22，按下 KM3 接触器，示数变为 1（无穷大）。

同理，将启动按钮 SB22 换为自锁接触器 KM4 再次测试一遍。

（4）低绝缘电阻。风扇电动机电路中带电导体和接地导体之间的绝缘电阻小于 1 MΩ。使用兆欧表或多用表，在所有照明电路带电导体端与接地导体分别进行测试。

（5）高电阻。低绝缘电阻是指火线与火线、火线与零线、火线与地之间的绝缘电阻小于规定值（1 MΩ）。要使用兆欧表（500 V）或绝缘电阻测试仪等工具对风扇电动机电路的所有火线与火线、火线与零线、火线与地之间进行绝缘测试，绝缘电阻小于 1 MΩ即为低绝缘电阻。

（6）错误设定。高电阻指接地电阻值大于规定值（0.5 Ω），原则上应该利用接地电阻测试仪进行接地测试；在比赛过程中也可利用多用表对每一条支路进行电阻测量来判断是否有高电阻故障（一般比赛中串入电阻值较大）。

3. 填写维修工作票

故障检测维修工作票见表 4-10。

表 4-10　故障检测维修工作票

工位号	（学生填写）
工作任务	根据卷帘门电路控制原理图完成卷帘门系统电气线路故障检测与排除
工作时间	自××××年××月××日××时××分至自××××年××月××日××时××分
工作条件	检测及排故过程　停电；观察故障现象和排除故障后试机　通电

续表

工作许可人签名	（指导教师填写）
维修要求	1. 工作许可人签名后方可进行检查。 2. 对电气线路进行检测，确定线路的故障点并排除。 3. 严格遵守电工操作安全规程。 4. 不得擅自改变原线路界限，不得更改电路和元件位置。 5. 完成检修后能使卷帘门正常工作
维修时的安全措施	1. 在检测及维修时需停电操作并挂安全警示牌。 2. 严格遵守电工操作安全规程，穿工作服、戴安全帽及穿电工鞋。 3. 执行谁断电，谁送电；注意一人操作，一人监护
故障现象描述	
故障检测和排除过程	
故障点描述	

由于线路故障为任课教师人工设置，本任务无须答题器。故障检测与排除由学生在未通电情况下完成。

4.4.7　任务评价

任务评价见表 4-11。

表 4-11　卷帘门故障检测排故评价

序号	评价内容	配分	评价标准	自我评价	老师评价
1	第一个故障点	20	（1）错误输入故障点，扣 2 分/次 （2）没有排除该故障点，扣 20 分（最多可扣 20 分）		
2	第二个故障点	20	（1）错误输入故障点，扣 2 分/次 （2）没有排除该故障点，扣 20 分（最多可扣 20 分）		
3	第三个故障点	20	（1）错误输入故障点，扣 2 分/次 （2）没有排除该故障点，扣 20 分（最多可扣 20 分）		
4	维修工作票填写	20	（1）维修时的安全措施描述不完整、错误或空缺，扣 2 分/处 （2）故障现象描述不完整、错误或空缺，扣 2 分/处 （3）故障排除过程描述不完整、错误或空缺，扣 2 分/处 （4）故障点描述错误或空缺，扣 2 分/处		

续表

序号	评价内容	配分	评价标准	自我评价	老师评价
5	安全操作规范	20	（1）不穿绝缘鞋、不戴安全帽进入工作场地，扣 2 分/项（不听劝阻者，终止作业）； （2）使用多用表方法不当，或损坏多用表，扣 2 分/次； （3）未经允许带电进行检测，扣 5 分/次 （4）带电测试造成多用表损坏，或出现触电事故，扣 20 分，并立即予以终止作业		
	合计	100			

参考文献

[1] 唐介，刘娆. 电机与拖动 [M]. 4 版. 北京：高等教育出版社，2019.

[2] 刘小春，张蕾. 电机与拖动 [M]. 4 版. 北京：人民邮电出版社，2022.

[3] 汤天浩，谢卫、电机与拖动基础 [M]. 3 版. 北京：机械工业出版社，2017.

[4] 曾祥富，陈亚琳. 电气设备安装与维护项目实训 [M]. 北京：高等教育出版社，2015.

[5] 庄汉清. 电气安装与维修技术 [M]. 北京：电子工业出版社，2016.

[6] 肖明耀，宋建. 汇川 PLC 应用技能实训 [M]. 北京：中国电力出版社，2011.

[7] 朱丽娜，张华明. 电气安装与维修 [M]. 北京：北京理工大学出版社，2021.